Jasmina Stojiljkovic

Actividades antimicrobianas de óleos essenciais contra bactérias patogénicas

AF320198

Jasmina Stojiljkovic

Actividades antimicrobianas de óleos essenciais contra bactérias patogénicas

ScienciaScripts

Imprint

Any brand names and product names mentioned in this book are subject to trademark, brand or patent protection and are trademarks or registered trademarks of their respective holders. The use of brand names, product names, common names, trade names, product descriptions etc. even without a particular marking in this work is in no way to be construed to mean that such names may be regarded as unrestricted in respect of trademark and brand protection legislation and could thus be used by anyone.

Cover image: www.ingimage.com

This book is a translation from the original published under ISBN 978-620-2-31986-7.

Publisher:
Sciencia Scripts
is a trademark of
Dodo Books Indian Ocean Ltd. and OmniScriptum S.R.L publishing group

120 High Road, East Finchley, London, N2 9ED, United Kingdom
Str. Armeneasca 28/1, office 1, Chisinau MD-2012, Republic of Moldova, Europe
Printed at: see last page
ISBN: 978-620-8-14459-3

Índice

Resumo

Antecedentes: Existem cerca de 3000 óleos essenciais conhecidos, dos quais apenas 300 são comercialmente importantes para diferentes tipos de indústria. As actividades antimicrobianas e outras actividades biológicas dos óleos essenciais estão diretamente relacionadas com a presença de componentes voláteis bioactivos.

Âmbito e abordagem: O objetivo deste estudo foi investigar os efeitos antimicrobianos de diferentes óleos essenciais (OE) em algumas bactérias de origem alimentar.

Principais resultados e conclusões: Na maioria dos estudos, os antimicrobianos são utilizados nos alimentos por duas razões principais: para controlar os processos naturais de deterioração (conservação dos alimentos) e para prevenir/controlar o crescimento de microrganismos, incluindo microrganismos patogénicos (segurança alimentar). Para este efeito, uma possibilidade tem sido a utilização de óleos essenciais (OE) e dos compostos neles encontrados como conservantes alimentares antimicrobianos alternativos. No futuro, serão investigadas as aplicações alimentares dos antimicrobianos naturais, especialmente a eficácia dos OE, individualmente e em combinação com outras partes de extractos de plantas, outros OE eficazes e outras técnicas de transformação de alimentos.

Palavras chave: *actividades antimicrobianas, óleos essenciais, bactérias patogénicas*

CAPÍTULO 1

1. Introdução

Atualmente, existe um clamor mundial sobre a utilização de conservantes sintéticos nos alimentos devido à sua toxicidade e aos seus efeitos adversos na saúde do consumidor e/ou no ambiente (**Chivandi et al.**, 2016). Atualmente, a resistência dos micróbios aos medicamentos é um problema muito grave (**Upadhyay et al.**, 2010). O aparecimento de multirresistência aos agentes antimicrobianos é um dos maiores receios no domínio da saúde pública (**Lopez-Pueyo et al.**, 2011). Os óleos essenciais antibacterianos naturais ganharam um interesse crescente e são considerados uma alternativa segura e ecológica para controlar bactérias de origem alimentar e outros microrganismos patogénicos, nomeadamente os resistentes a medicamentos (**Yap et al.**, 2014, 2013). No processamento de alimentos, é importante que sejam tomadas medidas adequadas para garantir a segurança e a estabilidade dos produtos durante o seu prazo de validade (**Souza**, 2016).

Os antimicrobianos são utilizados nos alimentos por duas razões principais: (1) para controlar os processos naturais de deterioração (conservação dos alimentos) e (2) para prevenir/controlar o crescimento de microrganismos, incluindo microrganismos patogénicos (segurança alimentar), (**Tajkarami et al.**, 2010).

As plantas aromáticas e os seus óleos essenciais (OE) têm sido utilizados desde a antiguidade na alimentação, na agricultura, na medicina, em aplicações cosméticas, como condimentos e especiarias, em usos terapêuticos, como antimicrobianos, como agentes aromatizantes e no armazenamento como agentes insecticidas (**Bakkali et al.**, 2008).

A utilização de óleos essenciais de plantas tem sido o novo foco das indústrias agrícolas e alimentares como alternativa aos aditivos alimentares sintéticos para a inativação de microrganismos, tais como bactérias patogénicas e de deterioração que causam problemas relacionados com a segurança alimentar e a saúde pública durante o transporte, armazenamento, prazo de validade e embalagem (**Smith-Palmer et al.,** 2001).

As plantas que produzem óleos essenciais pertencem a vários géneros em cerca de 60 famílias, incluindo *Alliaceae, Apiaceae, Asteraceae, Lamiaceae, Myrtaceae, Poaceae* e *Rutaceae,* (**Raut e Karuppayil,** 2014). Os óleos essenciais de plantas são uma fonte potencialmente útil de compostos antimicrobianos (**Friedman et al.,** 2002).

O mecanismo de ação antimicrobiana dos terpenos está associado à sua elevada afinidade pelos lípidos devido à sua natureza hidrofóbica. As suas propriedades antibacterianas estão evidentemente associadas a este carácter lipofílico e às estruturas externas dos microrganismos (**Paduch et al.,** 2007). Os compostos fenólicos presentes nos óleos essenciais rompem a membrana celular, resultando na inibição das propriedades funcionais da célula e, eventualmente, causando a fuga do conteúdo celular interno (**Trombetta**, 2005).

Considerando o grande número de diferentes grupos de compostos químicos presentes nos OEs, é muito provável que a sua atividade antibacteriana não seja atribuível a um mecanismo específico, mas que existam vários alvos na célula. Uma caraterística importante dos OEs e dos seus componentes é a sua hidrofobicidade, que lhes permite partirem-se nos lípidos da membrana celular bacteriana e das mitocôndrias, perturbando as estruturas e tornando-as mais permeáveis. A fuga de iões e de outros conteúdos celulares pode então ocorrer e causar a morte da célula bacteriana. Geralmente, os OEs que possuem as propriedades antibacterianas mais fortes contra agentes patogénicos de origem alimentar contêm uma elevada percentagem de compostos fenólicos como o carvacrol, o eugenol e o timol (**Burt,** 2004).

Os mecanismos de ação dos OEs incluem a degradação da parede celular, a danificação da membrana citoplasmática, a coagulação do citoplasma, a danificação das proteínas da membrana, o aumento da permeabilidade que conduz à fuga do conteúdo celular, a redução da força motriz dos protões, a redução da reserva intracelular de ATP através da diminuição da síntese de ATP e do aumento da hidrólise, que é independente do aumento da permeabilidade da membrana, e a redução do potencial da membrana através do aumento da permeabilidade da membrana. A parede celular das bactérias Gram-negativas é mais resistente à atividade dos OEs e dos seus componentes. A parede celular das bactérias Gram-negativas não permite a entrada de moléculas hidrofóbicas tão prontamente como nas bactérias Gram-positivas; assim, os OEs são menos capazes de afetar o crescimento celular das bactérias Gram-negativas (**Nazzaro et al.,** 2013).

A interação dos óleos essenciais com as membranas celulares microbianas resulta na inibição do crescimento de algumas bactérias Gram-positivas e Gram-negativas, (**Rivera** et al., 2015). Foi relatado que as bactérias Gram-positivas parecem ser mais susceptíveis às propriedades antibacterianas dos compostos de óleos essenciais do que as bactérias Gram-negativas. Este facto é esperado, uma vez que as bactérias Gram-negativas têm uma camada exterior que envolve a sua parede celular, limitando o acesso de compostos hidrofóbicos. As bactérias Gram-negativas são geralmente mais resistentes aos antimicrobianos de origem vegetal e até não apresentam qualquer efeito, em comparação com as bactérias Gram-positivas (**Rameshkumar et al.,** 2007; **Stefanello et al.,** 2008).

Os resultados do estudo de **Ahmadi et al.,** 2015, mostram que os óleos essenciais de *Thymus kotschyanus* têm um efeito inibitório, respetivamente, na levedura, nas bactérias patogénicas Gram-positivas e Gram-negativas (levedura> bactérias Gram-positivas> bactérias Gram-negativas).

Os microrganismos Gram-positivos foram considerados mais sensíveis ao óleo de citronela do que os organismos Gram-negativos, **Naik et al.**, 2010.

Os óleos essenciais investigados mostraram melhor atividade contra bactérias Gram-positivas do que Gram-negativas. O potencial antibacteriano do óleo testado em ambos os métodos pode ser apresentado como: *M. chamomilla* < *S. officinalis* < *C. aurantium* < *C. limon* < *L. angustifolia* < *O. basilicum* < *M. piperita* < *M. spicata* < *T. vulgaris* < *O. vulgare*. O óleo essencial de *O. vulgare* provou ser o mais ativo. O potencial antibacteriano dos componentes dos óleos essenciais testados pode ser apresentado como: Acetato de linalila < limoneno < β-pineno < α-pineno < cânfora < linalol < 1,8-cineol < mentol < timol < carvacrol, **Sokovic et al.**, 2010..

As CIMs (concentrações inibitórias mínimas) do óleo essencial das sementes e folhas de Salsa - *Petroselinum Crispum* foram 8, 0,25% contra *Staphylococcus aureus*, 4, 0,125% contra *Vibrio cholera*, 16, 0.Os resultados apoiam a elevada eficácia dos óleos essenciais no controlo de bactérias patogénicas e a sua utilização no desenvolvimento de novos sistemas para prevenir o crescimento bacteriano, **Karimi, et al**, 2015.

Alguns estudos demonstraram que os OEs inteiros têm geralmente uma atividade antibacteriana mais elevada do que as misturas dos seus componentes principais, sugerindo que os componentes menores são essenciais para a atividade sinérgica, embora também tenham sido observados efeitos antagónicos e aditivos (**Gill et al.**, 2002; **Mourey e Canillac**, 2002).

Os OEs derivados de especiarias e plantas têm atividade antimicrobiana contra *Listeria monocytogenes*, *Salmonella* Typhimurium, *Escherichia coli* O157:H7, *Shigella dysenteriae*, *Bacillus cereus* e *Staphylococcus aureus* a níveis entre 0,2 e 10 µLZ mL (**Burt**, 2004).

Doze óleos essenciais: tomilho (*Thymus vulgaris*), cravinho (*Syzygium aromaticum*), canela (*Cinnamomum aromaticum*), manjerona (*Origanum marjorana*), árvore-do-chá (*Malaleuka alternifolia*), salva esclareia (*Salvia sclarea*), hortelã-pimenta (*Mentha x piperita*), limão (*Citrus limon*), toranja (*Citrus paradisi*), erva-limão (*Cymbopogon citratus*), tangerina (*Citrus reticulate var. madurensis*) e orégãos (*Origanum vulgare*) foram testados quanto à sua atividade inibitória contra alguns microrganismos de interesse veterinário utilizando o procedimento de difusão em disco. A técnica de difusão em disco mostrou variações na atividade antimicrobiana dos óleos essenciais selecionados. De acordo com o método de diluição em ágar, os óleos essenciais mais potentes foram a canela, os orégãos, a erva-limão e o tomilho. As CIM foram testadas em concentrações que variam entre 2,0 e 0,008% (v/v). Estes efeitos inibitórios são interessantes em relação ao tratamento de infecções bacterianas e de leveduras em animais, (**Rusenova e Parvanov**, 2009). As CIMs dos óleos de origanum e tomilho variaram de 256 a 512 µg/mL, enquanto as dos óleos de alfazema, teatree e hortelã-pimenta variaram de 1024 a >4096 µg/mL, contra estreptococos do Grupo A (GAS), **Magi et al.,** 2015.

Os resultados dos ensaios de atividade antimicrobiana indicaram que o óleo essencial de tomilho exibiu maior atividade contra o *Staphylococcus aureus* (20,1 mm), o óleo essencial de alecrim contra o *Bacillus subtilis* (20,0 mm), os óleos essenciais de alecrim e eucalipto contra *Escherichia coli* (13,0 mm) e o óleo essencial de tomilho contra *Pseudomonas aeruginosa* (11,5 mm), **Bosnic et al.,** 2006.

A atividade antibacteriana de extractos individuais e etanólicos de cominho *(Cuminum cyminum)*, gengibre *(Zingiber officinale)* e alho *(Allium sativum)* foi avaliada contra estirpes bacterianas de *Bacillus subtilus, Pseudomonas fluroscens, Salmonella* Typhi (**Baljeet et al.,** 2015). O ensaio de difusão em ágar para a atividade antimicrobiana produziu uma zona inibitória de 12,8 a 18,3 mm de diâmetro para o cominho, 11,5 a 16,3 mm de diâmetro para o gengibre e 16,8 a 19,3 mm de diâmetro para o extrato de alho, indicando que o alho foi a especiaria mais eficaz na inibição do crescimento microbiano. Os extractos combinados mostraram zonas de inibição que variam de 12,3 a 19,6 mm de diâmetro contra as bactérias.

Atividade antibacteriana de sete óleos essenciais: óleo de folhas de canela (*Cinnamomum zeylanicum*), óleo de alho (*Allium sativum* óleo de cebola (*Allium cepa*), óleo de tomilho branco (*Thymus vulgaris,*), óleo de orégãos (*Thymus capitatus,*), O óleo de manjericão (*Ocimum basilicum*) e o óleo de botão de cravinho (*Eugenia caryophyllata)* foram avaliados contra duas bactérias Gram-positivas *(Staphylococcus aureus ATCC 25923, Bacillus cereus ATCC 11778)* e duas bactérias Gram-negativas *(Escherichia coli ATCC 25922, Salmonella* Enteritidis *ATCC 13076)* utilizando dois métodos preliminares: método de difusão em disco de ágar e método de volatilização em disco. Os resultados mostraram que todos os sete óleos essenciais apresentaram atividade antibacteriana contra todas as estirpes de teste no método de contacto direto. Por outro lado, apenas dois OE apresentaram um efeito antibacteriano significativo através do método de volatilização contra as bactérias testadas. O óleo de orégãos, o óleo de botões de cravinho e o óleo de tomilho branco apresentaram uma atividade máxima contra todas as bactérias testadas no método de contacto direto, com um diâmetro de inibição superior ao do controlo de referência, **Dobre et al.,** 2011.

O óleo essencial de *Coriandrum sativam* tem a maior atividade antibacteriana contra *Staphylococcus aureus* (12 mm), *Enterobacter aerogenes* (12 mm), *Klebsiella pneumoniae* (10 mm), *Vibrio cholerae* (13 mm) e *Salmonella typhi* (15 mm), **Suganya, et al.,** 2012.

Nos últimos 20-30 anos, foi documentado um grande número de casos de bactérias *causadas por Salmonella* e, apesar dos progressos realizados no seu controlo ao longo das últimas décadas, *as Salmonella* spp. ainda estão presentes e são as causas mais comuns de doenças de origem alimentar, **Sofos,** 2008.

Entre os Gram-negativos, *a Salmonella* spp. foi inibida principalmente por óleos essenciais de tomilho (500 ppm), alecrim (5000 ppm) e alho (20000 ppm), *a*

Escherichia coli foi inibida principalmente por tomilho (250 ppm), canela (2500 ppm) e cominho (2500 ppm), **Diez**, 2015.

Do ponto de vista da atividade antimicrobiana, o estudo constatou que o extrato de ervas da planta *Lotus corniculatus* L. possui atividade antimicrobiana. Em comparação com os antibióticos padrão (valores de CIM de 0,24 a 1,95 µg/mL a 125 µg/mL), o extrato etanólico das espécies vegetais investigadas exibe uma atividade antimicrobiana forte a moderada com valores de CIM no intervalo de 7,8125 µg/mL a 125 µg/ mL para cepas ATCC selecionadas: *Proteus hauseri* ATCC 13315, *Staphylococcus aureus* ATCC 25923, *Klebsiella pneumonia* ATCC 13883, *Escherichia coli* ATCC 25922, *Proteus mirabilis* ATCC 14153, *Bacillus subtilis* ATCC 6633, *Candida albicans* ATCC 10231 e *Aspergillus niger* ATCC 16404. Do ponto de vista da atividade antimicrobiana, verificou-se que o extrato de *Lotus corniculatus* L. apresenta a atividade antimicrobiana mais forte em relação à *Escherichia coli* e a mais baixa em relação ao *Proteus hauseri*. Com base em tudo o que foi escrito, a espécie vegetal investigada, devido à sua rica composição mineral e à posse de atividade antimicrobiana, pode ser muito interessante do ponto de vista da sua aplicação na indústria alimentar, para prolongar o prazo de validade dos géneros alimentícios, ou seja, retardar ou impedir o desenvolvimento de bactérias patogénicas e melhorar a qualidade do produto alimentar, **Dukic et al.**, 2016.

Foi demonstrado que os óleos essenciais possuem propriedades antibacterianas, antifúngicas, antivirais, insecticidas e antioxidantes, **Burt**, 2004. A atividade antibacteriana é um dos efeitos terapêuticos mais importantes que a planta pode possuir (**Pauli e Schilcher**, 2010).

Tabela 1: Lista de óleos essenciais selecionados e respectivas propriedades, **Prabuseenivasan et al.,** 2006

Common name	Botanical name (Family)	Properties
Aniseed oil	*Pimpinella anisum* (Umbelliferae)	Carminative, stimulant, expectorant, condiment and flavouring agent.
Calamus oil	*Acorus calamus* (Araceae)	Carminative, bitter stimulant, vermifuge and insect repellent
Camphor oil	*Cinnamomuum camphora* (Lauraceae)	Rubefacient, tooth powder and cosmetic agent.
Cedarwood oil	*Cedrus atlantica* (Coniferae)	Antiseptic, astringent, diuretic, fungicidal, sedative
Cedarwood oil	*Cedrus atlantica* (Coniferae)	Antiseptic, astringent, diuretic, fungicidal, sedative and stimulant.
Cinnamon oil	*Cinnamomum zeylanicum* (Lauraceae)	Carminative, stomachic, astringent, stimulant and antiseptic.
Citronella oil	*Cymbopogon nardus* (Gramineae)	Perfumery, mosquito repellent and flavouring agent.

Clove oil	*Eugenia caryophyllus* (Myrtaceae)	Dental analgesic, carminative, stimulant and antiseptic.
Eucalyptus oil	*Eucalyptus globulus* (Myrtaceae)	Counter-irritant, antiseptic, expectorant, cough reliever.
Geranium oil	*Pelargonium graveolens* (Geraniaceae)	Flavouring agent and stimulant.
Lavender oil	*Lavandula angustifolia* (Labiatae)	Stimulant and flavouring agent.
Lemon oil	*Citrus limon* (Rutaceae)	Carminative, stimulant, perfuming and flavouring agent.
Lemongrass oil	*Cymbopogon citratus* (Graminae)	Flavouring agent, antiseptic and deodorant.
Lime oil	*Citrus aurantium* (Rutaceae)	Stomachic, carminative and flavouring agent.
Nutmeg	*Myristica fragrans* (Myristicaceae)	Stimulant, anti rheumatic and carminative.
Orange oil	*Citrus sinensis* (Rutaceae)	Stomachic, carminative and flavouring agent.
Palmarosa oil	*Cymbopogon martini* (Graminae)	Cosmetic, anti rheumatism and insect repellent.

Peppermint oil	*Mentha piperita* (Labiatae)	Digestent, stimulant and tonic.
Rosemary oil	*Rosmarinus officinalis* (Labiatae)	Carminative, stimulant and flavouring agent.
Basil oil	*Ocimum sanctum* (Labiatae)	Antibacterial, insecticidal, stimulant, stomachic and diaphoretic.
Vetiver oil	*Vetiveria zizanioides* (Graminae)	Stimulant, refrigerant, flavouring agent, stomachic and fixative.
Wintergreen oil	*Gaultheria fragrantissima* (Ericaceae)	Irritant, vermicide agent and flavouring agent.

CAPÍTULO 2

2. Diferentes óleos essenciais contra bactérias patogénicas

2.1. Óleo essencial de manjericão

O manjericão está incluído nas principais espécies produtoras de óleos essenciais pertencentes ao género *Ocimum* (**Grayer,** 2002) e é frequentemente referido como o "rei das ervas", sendo amplamente utilizado devido à sua importância económica, nutricional, industrial e medicinal (**Javanmardi,** 2003).

O manjericão (*Ocimum basilicum* L.), membro da família *Lamiaceae*, é uma erva anual que cresce em várias regiões do mundo. As flores labiadas, de cor branca, rosa e por vezes violeta, apresentam-se em falsas espirais axilares de 6 inflorescências, pediceladas, quase sésseis. O cálice é bilabiado e a corola é quadrilobada. O lábio inferior é simples; os 4 estames encontram-se sobre ele. Entre mais de 65 espécies do género *Ocimum*, o manjericão é a principal cultura de óleo essencial que é cultivada comercialmente em muitos países (**Sajjadi,** 2006). Foi indicado que o óleo essencial de manjericão possui elevadas actividades antioxidantes, antimicrobianas, anti-hipertensivas, anticancerígenas e anti-inflamatórias (**Arranz et al.,** 2015).

Diferentes autores descreveram também as propriedades antibacterianas deste óleo essencial.

A composição química do óleo essencial de *Ocimum basilicum* varia consoante a estação do ano. A composição química do óleo essencial *de Ocimum basilicum* varia consoante a estação do ano. Estes óleos essenciais têm monoterpenos oxigenados (60,768,9%), seguidos de hidrocarbonetos sesquiterpénicos (16,0-24,3%) e sesquiterpenos oxigenados (12,0-14,4%). Cerca de 29 compostos que representam

98,0-99,7% da composição do óleo foram registados por **Hussain et al., 2008**. O linalol foi o principal constituinte dos óleos essenciais (56,7-60,6%), seguido pelo epi-α-cadinol (8,6-1,4%), α- bergamoteno (7,4-9,2%), γ-cadineno (3,3-5,4%), germacreno D (1,1-3,3%) e cânfora (1,1-3,1%). Para além disso, componentes como metilchavikol, metilcinamato, linoleno, eugenol, cânfora, cis-geraniol, 1,8-cineol, α-bergamoteno, β-cariofileno, germacreno D, γ-cadineno, epi-α-cadinol e viridiflorol foram referidos como componentes importantes (**Hussain et al.**, 2008, **Opalchenovaa e Obreshkova, 2003**).

O manjericão doce é muito utilizado para conferir um aroma e sabor caraterísticos aos alimentos, como saladas, pizzas, carnes e sopas (**Viuda-Martos et al., 2011**).

Lachowicz et al., (1998) verificaram que o óleo essencial bruto de manjericão é mais eficaz do que os componentes linalol e metil chavicol, quer separadamente quer em conjunto.

Os resultados da investigação de **Zlotek et al.,** 2016, indicam que a elicitação com ácido jasmónico pode aumentar o rendimento do óleo no manjericão e influenciar a composição dos óleos essenciais. Uma vez que os óleos essenciais do manjericão elicitado com JA (especialmente JA2 e JA3) apresentaram um potencial antioxidante e anti-inflamatório mais eficiente, a utilização destes óleos na produção alimentar pode influenciar positivamente as suas qualidades promotoras de saúde.

O manjericão doce (*Ocimum basilicum* L.) é uma erva amplamente utilizada com muitas propriedades e aplicações, **Vidovic et al.,** 2012.

2.1.1. Atividade antimicrobiana do óleo essencial de manjericão

Muitos estudos investigaram as actividades antifúngicas, antibacterianas e antioxidantes dos óleos essenciais de *Ocimum* spp. incluindo o manjericão doce.

Muitas diferenças nos artigos da literatura, incluindo diferenças de metodologias de avaliação das propriedades antimicrobianas, e também diferenças nos conteúdos e composições de ervas de diferentes regiões geográficas, tornam difícil e mesmo impossível comparar os estudos sobre as actividades antimicrobianas do *Ocimum basilicum*. Os resultados do estudo de **Moghaddam et al., 2011**, mostraram a melhor atividade do óleo essencial de *Ocimum basilicum* em germes Gram-negativos do que em germes Gram-positivos.

O óleo de manjericão doce exibiu uma forte atividade contra *Streptococcus pneumoniae, Hemophilus influenzae, Candida albicans* e *Aspergillus niger*, mas não contra *Pseudomonas putida* e *Pseudomonas aeruginosa* (**Srivastava et al.,** 2014).

O óleo essencial de manjericão mostra uma forte atividade inibidora (>90,0 mm inibiu as cinco bactérias patogénicas *Klebsiella oxytoca, Klebsiella pneumoniae, Salmonella paratyphi, Staphylococcus aureus* e *Vibrio cholera*), **Elumalai** et al., 2010.

No mesmo estudo, o extrato de óleo de *Ocimum basilicum* teve uma eficácia elevada nos géneros *Staphylococcus, Pseudomonas* e *Enterococcus*. Foi demonstrado que o óleo essencial de *Ocimum basilicum* L. possui um efeito inibidor em fungos como *Aspergillus ochraccus* (**Opalchenovaa e Obreshkova,** 2003). *Staphylococcus aureus* e *Bacillus subtilis* foram dois dos microrganismos testados, e estas bactérias mostraram uma sensibilidade significativa na presença do óleo essencial de manjericão, com valores baixos de CIM para *S. aureus* (0,9_1,5 mg/mL) e *Bacillus subtilis* (0,8-1,4 mg/mL). Estas descobertas mostraram que o óleo essencial de manjericão é um forte agente antimicrobiano (**Hussain et al.,** 2008). As concentrações inibitórias mínimas do óleo de manjericão doce foram 145-160, 40-45, e 80-95 µg/mL contra as bactérias Gram-negativas *Salmonella typhi* e *Escherichia coli*, bactérias Gram-positivas *Staphylococcus aureus* e *Bacillus subtilis*, e fungos *Aspergillus niger* e *Candida albicans*, respetivamente (**Shirazi et al.,** 2014). *Vibrio* spp. e *Aerobacter hydrophila* também apresentaram alta sensibilidade; com 0,01% de concentração de óleo essencial de manjericão, a viabilidade variou de 0,014% a 3,64%, (**Koga et al.,** 1999).

Ouibrahim et al. (2013) registaram efeitos bacteriostáticos do óleo de manjericão doce em 20 estirpes bacterianas Gram-positivas e Gram-negativas. O óleo de manjericão não apresentou atividade contra as bactérias Gram-positivas *Brochotrix thermosphacta, Enterococcus faecalis, Lactobacillus delbrueckii, Lactococcus lactis* e *Lactobacillus plantarum*. As espécies de *Vibrio*, como *Vibrio parahaemolyticus*, mostraram uma elevada sensibilidade ao óleo de manjericão.

O óleo essencial (OE) de *Ocimum gratissimum* inibiu *Staphylococcus aureus* a uma concentração de 0,75 mg/mL. As concentrações inibitórias mínimas (MICs) para *Shigella flexineri, Salmonella* Enteritidis, *Escherichia coli, Klebsiella* sp., e *Proteus mirabilis* estavam em concentrações que variavam de 3 a 12 mg/mL. O ponto final não foi atingido para *Pseudomonas aeruginosa* ($\geq$24 mg/mL), **Nakamura et al.,** 1999.

O óleo de manjericão inibiu completamente o crescimento (zona 87 mm) de *Staphylococcus aureus, Yersinia enterolitica* e os fungos imperfecti (*Aspergillus niger* e *Rhodotorula*). O manjericão foi também fortemente inibidor de *Escherichia coli, Salmonella* Thyphimurium e *Geotrichum candidum* (P<0,001). O manjericão foi apenas medianamente inibidor contra *Listeria monocytogenes* e *Pseudomonas* aeruginosa (**Elgayyar et al.,** 2001).

Lachowicz et al., 1998, descobriram que os óleos essenciais de cinco variedades diferentes de manjericão possuíam uma atividade antimicrobiana ligeira contra três bactérias gram-positivas (*Lactobcillus plantarum, Listeria monocytogenes, Staphylococcus aureus*) e várias bactérias gram-negativas (*Escherichia coli, Pseudomonas aeruginosa, Salmonella* Thyphimurium, *Yersinia enterolitica*), leveduras (*Rhodotorula*) e bolores. **Fyfe et al.,** 1998, referiram que o óleo de manjericão a 0,2% era um inibidor potente de *Listeria monocytogenes* e *Salmonella* Enteritidis. **Meena e Seethi,** 1994, também descobriram que o óleo essencial de manjericão tem um efeito antimicrobiano moderado sobre *Aspergillus niger* e *Lactobacillus acidophilus.* **Ela et al.,** 1996, mostraram que o óleo essencial de manjericão tinha atividade antibacteriana e antifúngica contra *Staphylococcus aureus*, *Escherichia coli* e *Aspergillus niger.*

Os óleos de hortelã e manjericão doce a 0,08% mL/L foram eficazes contra a sobrevivência de *Escherichia coli* e *Salmonella* Typhimurium inoculadas em amostras de alface fresca e beldroegas durante o armazenamento refrigerado (**Karagozlu et al.,** 2011).

Sendo diferente da alface e dos espinafres, o manjericão raramente tem sido uma fonte de surtos de doenças de origem alimentar; no entanto, ocorreu um surto em 2007, quando o manjericão foi contaminado com *Salmonella enterica* serovar Senftenberg. **Kisluk et al.** (2013) estudaram se *a Salmonella* Senftenberg desenvolveu ou não uma possível resistência ao óleo de manjericão. Os resultados mostraram que *a Salmonella* pode sobreviver nas plantas de manjericão durante pelo menos 100 dias. Em comparação com a *Salmonella enterica* serovar Typhimurium, *a Salmonella* Senftenberg foi capaz de crescer em folhas de manjericão colhidas e armazenadas. *A Salmonella* Senftenberg é mais resistente ao óleo de manjericão, ao linalol, ao estragol e ao eugenol do que *a Salmonella* Typhimurium. Este facto pode indicar que *a Salmonella* Senftenberg se adaptou ao ambiente do manjericão, desenvolvendo resistência ao óleo de manjericão.

Nove óleos essenciais foram examinados quanto à atividade antimicrobiana contra estirpes clínicas e de referência de *Salmonella* Enteritidis. Com base no tamanho da zona de inibição e na concentração inibitória mínima, o óleo de manjericão teve a atividade antimicrobiana mais forte contra todas as bactérias testadas, e *a Salmonella*

Enteritidis SE3 foi a estirpe mais sensível a todos os óleos testados. Quando uma salsicha de porco fermentada, inoculada experimentalmente com *Salmonella* Enteritidis SE3 e armazenada a *4°C*, o óleo de manjericão inibiu a bactéria de uma forma dependente da dose. O óleo de manjericão a uma concentração de 50 ppm reduziu o número de bactérias no alimento de 5 para 2 log cfu/g após armazenamento durante 3 dias. Um nível incomensurável da bactéria no alimento foi observado nos dias 2 e 3 de armazenamento quando 100 e 150 ppm de óleo de manjericão foram utilizados, respetivamente, **Rattanachikunsopon** e **Phumkhachorn**, 2010).

2.2. Óleo essencial de tomilho

O género *Thymus* L. pertence à família *Lamiaceae*, e consiste em cerca de 215 a 350 espécies, de acordo com diferentes dados da literatura (**Zaide e Crow**, 2005). São geralmente plantas herbáceas perenes, pequenos arbustos que ocorrem na região mediterrânica, que é o centro de todo o género, e são também caraterísticas da Ásia, do Sul da Europa e do Norte de África (**Maksimovic et al.,** 2008).

Quarenta e sete compostos (99,67% do óleo total) foram identificados no óleo essencial de *Thymus serpyllum*. Os principais componentes encontrados no óleo foram carvacrol (37,49%), γ-terpineno (10,79%), β-cariofileno (6,51%), p-cimeno (6,06%), (E)- β-ocimeno (4,63%) e β-bisaboleno (4,51%). Da mesma forma, carvacrol (44,93%), γ-terpineno (10,08%), p-cimeno (7,39%) e β-cariofileno (6,77%) dominaram no óleo de *T. serpyllum* 'Aureus', **Wesolowska et al.,** 2015.

Em particular, o carvacrol tem sido amplamente testado como um agente antimicrobiano em alimentos para controlar patógenos Gram-positivos e Gram-negativos, incluindo *Bacillus cereus, Enterococcus faecalis, Listeria monocytogenes, Staphylococcus aureus, Escherichia coli* O157: H7, *Pseudomonas fluorescens, Salmonella* Typhimurium, *Vibrio cholerae* e *Vibrio vulnificus* (**Hyldgaard et al.,** 2012,

Langeveld et al.,2014).

A atividade antimicrobiana do óleo de tomilho é mais facilmente atribuída ao timol [5-metil-2-(1-metil)-fenol], que está geralmente presente em concentrações de cerca de 45% (**Bagamboula et al.,** 2003). No entanto, o óleo de tomilho também pode conter grandes quantidades de carvacrol, que pode variar entre 33% nos óleos das folhas e cerca de 61% no óleo do caule, dependendo da localização geográfica, da altura da colheita ou do método de extração do óleo (**Belaqziz et al.,** 2013; **Ultee et al.,** 2002). Quarenta e nove (49) compostos constituídos por 99,94% dos componentes totais foram identificados a partir do óleo essencial de *Thymus kotschyanus* obtido. Entre estes, o carvacrol (50,40%), o 1, 8 cineol (8%), o timol (6,78%), o borneol (6,46%) e o E-cariofileno (4,35%) foram os principais componentes do óleo, **Ahmadi et al.,** 2015.

Bounatirou et al. (2007) relataram a composição química, as actividades antioxidantes e antibacterianas de óleos essenciais isolados por hidrodestilação das partes aéreas de *Thymus capitatus* Hoff. et Link da Tunísia durante as diferentes fases do desenvolvimento da planta e de diferentes locais. Depois de comparar as propriedades antibacterianas destes OEs com antibióticos sintéticos, observou-se uma maior atividade antibacteriana com os óleos essenciais da fase de floração e pós-floração.

A aplicação de *Thymus eigii* mostrou uma atividade antimicrobiana mais forte em comparação com a vancomicina (30 mcg) e a eritromicina (15 mcg) (**Toroglu,** 2007). *O Thymus pallescent* de diferentes locais de colheita apresentou diferentes actividades antimicrobianas (**Hazzit et al.,** 2009). No entanto, a localização não mostrou uma diferença na atividade antimicrobiana/antioxidante do *Thymus capitatus* Hoff. et Link da Tunísia (**Bounatirou et al.,** 2007). Orégãos e tomilho, orégãos com manjerona e tomilho com salva tiveram os OEs mais eficazes contra *Bacillus cereus, Pseudomonas aeruginosa, Escherichia coli* O157:H7 e *Listeria monocytogenes*

(**Almajano et al.**, 2008; **Graumann e Holley**, 2008; **Gutierrez et al.**, 2008; **Naidu**, 2000; **Tolonen et al.**, 2004).

Vardar-Unlu et al. (2003) obtiveram resultados semelhantes após o fracionamento de extractos de tomilho. Nos extractos aquosos de orégãos ou tomilho havia pouca atividade antimicrobiana.

O mais dominante de todos os compostos identificados do óleo essencial de tomilho foi o timol (50,48%), seguido pelo p-cimeno (24,79%), linalol (4,69%), γ-terpineno (4,14%) e 1,8-cineol (4,35%). Os óleos essenciais de tomilho exibiram uma excelente atividade antibacteriana contra *Escherichia coli* e *Salmonella* spp utilizadas no teste, (**Boskovic et al.**, 2015).

2.2.1. Atividade antimicrobiana do óleo essencial de tomilho

A atividade antimicrobiana dos óleos essenciais extraídos de *Thymus vulgaris* (quimiotipo timol), *Thymus zygis* subsp. *gracilis* (quimiotipo timol e dois quimiotipos linalol) e *Thymus hyemalis* L. (quimiotipos timol, timol/linalol e carvacrol) foi ativa contra 10 microrganismos patogénicos (**Sabulal et al.**, 2008).

Os OEs de tomilho, cravinho e pimenta podem reduzir a população de *Listeria monocytogenes* em solução de peptona (1 g/L) a um nível de concentração baixo, 0,5 mL/L (**Carvalho et al.**, 2003). Os resultados mostraram que os óleos essenciais de tomilho e cravinho reduziram a população de *Listeria monocytogenes* de 7,17 log para 1,48 log cfu/g em 5 minutos de tratamento.

As combinações de óleos essenciais de orégãos com manjerona e de tomilho com salva tiveram uma eficácia promissora contra *Escherichia coli* e *Listeria monocytogenes*, respetivamente. No entanto, os óleos essenciais de orégãos e tomilho são mais eficazes quando aplicados individualmente em comparação com a combinação (**Gutierrez et al.**, 2008). A adição de óleo essencial de tomilho (0,1%) à carne de borrego picada embalada em atmosfera modificada resultou num aumento significativo do prazo de validade (**Karabagias et al.,** 2011).

Os cinco óleos que foram mais activos contra a *Salmonella enterica* RM1309 foram o tomilho, os orégãos espanhóis, os orégãos origanum, a canela cassia e a folha de canela (com valores BA50 que variam entre 0,045 e 0,08). Os compostos dos óleos que foram mais activos contra as estirpes de *Escherichia coli, Salmonella enterica* e *Listeria monocytogenes* foram o cinamaldeído (com valores BA50 que variam entre 0,008 e 0.057), timol (com valores BA50 que variam de 0,034 a 0,077), carvacrol (com valores BA50 que variam de 0,011 a 0,086) e eugenol (com valores BA50 que variam de 0,022 a 0,11), (**Friedman, et al,** 2002).

Friedman et al., 2004, avaliaram 17 óleos essenciais de plantas e nove compostos de óleo para a atividade antibacteriana contra os agentes patogénicos de origem alimentar *Escherichia coli* O157:H7 e *Salmonella enterica* em sumos de maçã num ensaio bactericida em termos de % da amostra que resultou numa diminuição de 50% no número de bactérias (BA50). Os 10 compostos mais activos contra E. coli (intervalo BA50 de 60 min em sumo límpido, 0,018-0,093%) foram carvacrol, óleo de orégãos, geraniol, eugenol, óleo de folha de canela, citral, óleo de botão de cravinho, óleo de erva-limão, óleo de casca de canela e óleo de limão. Os compostos correspondentes contra *Salmonella enterica* (intervalo BA50, 0,0044-0,011%) foram óleo de Melissa, carvacrol, óleo de orégãos, terpeineol, geraniol, óleo de limão, citral, óleo de erva-limão, óleo de folha de canela e linalol. A atividade contra *Salmonella enterica* foi maior do que contra *Escherichia coli.*

Os efeitos inibitórios dos hidrossóis de tomilho, cominho preto, salva, alecrim e louro contra *Salmonella* Typhimurium e *Escherichia coli* O157:H7 foram demonstrados em cenouras e maçãs. O hidrossol de tomilho teve o maior efeito antibacteriano nas contagens de *Salmonella* Typhimurium e *Escherichia coli* O157:H7 (**Tornuk et al.,** 2011).

A atividade antimicrobiana dos óleos essenciais de orégãos, tomilho, manjericão, manjerona, erva-limão, gengibre e cravinho foi testada *in vitro* através do método de diluição em ágar e da determinação da CIM contra estirpes Gram-positivas (*Staphylococcus aureus* e *Listeria monocytogenes*) e Gram-negativas (*Escherichia coli* e *Salmonella* Enteritidis). Os valores de MIC90% foram determinados contra estirpes bacterianas em carne picada irradiada e contra a microbiota natural em amostras de carne picada. Os valores de MIC 90% variaram entre 0,05% (v/v; óleo de erva-limão) e 0,46% (v/v; óleo de manjerona) para bactérias Gram-positivas e entre 0,10% (v/v; óleo de cravinho) e 0,56% (v/v; óleo de gengibre) para estirpes Gram-negativas. No entanto, os valores de MIC90% em carne picada e microbiota natural foram de 1,3 e 1,0, respetivamente, contra os microrganismos testados (**Barbosa et al.**, 2009).

Emiroglu **et al.** (2010) adicionaram OE de tomilho e orégãos em películas comestíveis de soja para melhorar as actividades antimicrobianas contra *Staphylococcus aureus*, *Escherichia coli*, *Pseudomonas* spp. e bactérias coliformes em hambúrgueres de carne moída durante o armazenamento refrigerado. **Kostaki et al.** (2009) descreveram a utilização de óleo de tomilho em combinação com duas misturas de gases diferentes (40% CO2/50% N2/10% O2; e 60% CO2/30% N2/10% O2) para preservar a qualidade e o prazo de validade do robalo fresco em filetes durante o armazenamento refrigerado (4 ± 0,5 °C) por um período de 21 dias. **Thanissery e Smith** (2014b) verificaram que uma combinação de OE de tomilho e laranja (TOC) inibiu o crescimento de *Salmonella* e *Campylobacter* quando utilizada a um nível de 0,5%.

Vinte e um óleos essenciais foram analisados contra 10 estirpes de *Salmonella enterica* e 10 estirpes de *Listeria monocytogenes*, por difusão em disco e determinação da Concentração Inibitória Mínima (CIM). Os óleos essenciais mais eficazes foram: *Origanum vulgare* (orégãos) > *Cinnamomum zeylanicum* (canela) ~ *Caryophillus aromaticus* (cravinho) > *Thymus vulgaris* (tomilho vermelho) > *Melaleuca alternifolia* (árvore-do-chá), com valores de CIM que variaram entre 0,6 para os orégãos e 20,0 mL/mL para a árvore-do-chá (**Mazzarrino et al.,** 2015).

As médias geométricas das CIM e CBM contra estirpes de *Escherichia coli* foram de 627,7 gg/mL e 990,2 µg.mL-1 para o óleo essencial de tomilho e de 2786 gg/mL e 2540 g/mL para o timol. Estes resultados mostram que o óleo essencial de tomilho é um potencial antimicrobiano, e merece mais estudos para ser usado com segurança como conservante em alimentos, **Santurio et al.,** 2014. .

Os óleos essenciais são altamente eficazes na fase de vapor e podem ser utilizados no controlo de agentes patogénicos bacterianos de origem alimentar (*Escherichia coli, Listeria monocytogenes, Pseudomonas aeruginosa, Salmonella* Enteritidis, *Staphylococcus aureus*). Os melhores resultados foram apresentados pela *Armoracia rusticana* contra todas as estirpes, seguida por *Allium sativum* > *Origanum vulgare* > *Thymus vulgaris* > *Satureja montana* >Thymus *pulegioides* > *Thymus serpyllum* > *Origanum majorana* > *Caryopteris x clandonensis, Hyssopus officinalis, Mentha villosa, Nepeta x faassenii, Ocimum basilicum* var. grant verte, (**Nedorostova et al.,** 2009).

A mistura óptima composta por 28%, 30% e 42% de óleos essenciais de orégãos, manjerona e tomilho selvagem, respetivamente, previu o efeito antibacteriano mais elevado contra *Bacillus subtilis* e *Staphylococcus aureus*, enquanto o efeito ótimo contra *Escherichia coli* foi previsto utilizando uma mistura contendo 75% de óleos essenciais de orégãos e 25% de manjerona (**Ouedrhiri et al.,** 2016).

O objetivo do estudo de **Jemaa et al.,** 2017, foi avaliar o efeito de uma solução de óleo essencial de *Thymus capitatus* ou da sua nanoemulsão na qualidade do leite contaminado por bactérias. Após 24 h de inoculação de *Staphylococcus aureus*, o crescimento bacteriano atingiu 202 x 10^3 ufc/mL na presença do óleo essencial, enquanto foi limitado a 132 x 10^3 ufc/mL quando tratado com nanoemulsão. A redução da capacidade antioxidante do leite tratado com óleo essencial foi maior quando tratado com nanoemulsão.

Os óleos essenciais das espécies de orégãos e tomilho apresentaram os efeitos inibitórios mais elevados contra as bactérias Gram-positivas e Gram-negativas e também tiveram maior capacidade antioxidante (AOC) e conteúdo total de substâncias fenólicas (PSC), (**Evrendilek**, 2015). Neste estudo, a diferença média no grau de inibição entre as bactérias Gram-positivas (26,2 ± 23,2 mm) e as bactérias Gram-negativas (24,8 ± 25,4 mm) não foi considerada significativa p < 0,05). A inibição média das bactérias Gram-negativas variou de 6 mm para *Yersinia enterocolitica* por funcho, hortelã, casca de laranja e sálvia, para *Salmonella* Typhimurium por funcho, para *Pseudomonas mirabilis* por lúpulo, para *Escherichia coli* O157:H7 por hortelã e mirto, e para *Klebsiella oxytoca* por lúpulo e casca de laranja a 90 mm para *Yersinia enterocolitica*, *Pseudomonas mirabilis* e *Escherichia coli* O157:H7 por orégãos de Izmir. O efeito de inibição máximo de cada óleo essencial, à exceção do anis, dependeu do tipo de bactéria Gram-negativa. *A Yersinia enterocolitica* foi mais inibida pelas folhas de louro, lúpulo e orégãos de Izmir; *a Salmonella* Enteritidis mais pelo cravinho e funcho; *a Salmonella* Typhimurium mais pela hortelã, mirto, casca de laranja e salva.

O objetivo da investigação de **Siroli et al.,** 2015, foi investigar as modificações da composição de ácidos gordos da membrana celular e os perfis de moléculas voláteis de *Listeria monocytogenes*, *Salmonella* Enteritidis, *Escherichia coli*, durante o crescimento na presença de diferentes concentrações sub-letais de óleos essenciais de tomilho e orégãos, bem como de carvacrol, timol, trans-2-hexenal e citral. Os resultados evidenciaram que as moléculas testadas induziram modificações notáveis nos perfis de ácidos gordos das membranas e nos compostos voláteis produzidos durante o crescimento.

Thanissery e Smith (2014a) descobriram que os óleos de tomilho e laranja foram eficazes para reduzir os níveis de *Salmonella* Enteritidis e *Campylobacter* coli em filetes de peito de frango inoculados e asas inteiras. **Nair et al.,** (2014) avaliaram a eficácia dos OEs para reduzir os níveis de *Salmonella* em costeletas de peito de peru.

A atividade antimicrobiana do timol, do extrato de limão, do quitosano e do GFSE carregados em massa fresca caseira à base de amaranto foi testada contra quatro grupos de microrganismos de deterioração: bactérias mesófilas e psicrotróficas, coliformes totais e *Staphylococcus* spp. Os resultados indicam que o quitosano é o mais bem sucedido entre os compostos investigados no abrandamento do crescimento dos microrganismos de deterioração acima referidos, enquanto o extrato de limão é o menos eficaz (**Del Nobile et al.**, 2009).

O timol (THY) e o carvacrol (CAR), dois fenóis monoterpénicos produzidos por várias plantas aromáticas, foram testados quanto às suas potências antibacterianas e inibidoras da bomba de efluxo contra um painel de agentes patogénicos clínicos e de origem alimentar. Os resultados demonstraram uma suscetibilidade substancial das bactérias testadas em relação ao THY e ao CAR. Em especial, o THY apresentou uma forte atividade inibitória (os valores de CIM variaram de 32 a 64 mg/mL) contra a maioria das estirpes testadas em comparação com o CAR (**Miladi et al.**, 2016).

A eficácia de uma nanoemulsão antimicrobiana de carvacrol foi testada contra sementes de germinação contaminadas com *Salmonella enterica* subespécie enterica serovar Enteritidis (ATCC BAA-1045) ou *Escherichia coli* O157:H7 (ATCC 42895) com expressão EGFP. Os tratamentos antimicrobianos foram efectuados através da imersão de sementes inoculadas em nanoemulsões (4000 ou 8000 ppm) durante 30 ou 60 minutos. O tratamento inactivou com êxito níveis baixos (2 e 3 log CFU/g) de *Salmonella* Enteritidis e *Escherichia coli* em sementes de rabanete quando embebidas durante 60 minutos em concentrações $\geq$ 4000 (0,4%) ppm de carvacrol. Este método de tratamento não foi eficaz em sementes de brócolos contaminadas, (**Landry et al.**, 2015).

Baixas concentrações (10 µL) de óleos essenciais de tomilho, salva, murta, louro e laranja inibiram fracamente o desenvolvimento de bactérias: *Escherichia coli, Listeria monocytogenes, Staphylococcus aureus*. *A Escherichia coli* e *o Staphylococcus aureus* foram mais sensíveis do que *a Listeria monocytogenes* no meio que continha óleo essencial de timol. O óleo essencial de tomilho em leite esterilizado suplementado a 0,5% exibiu um efeito bactericida que resultou em contagens apenas ligeiramente inferiores em comparação com o óleo essencial de murta, **Celikel e Kavas**, 2008.

Hammad et al. (2007) referiram que o extrato aquoso a 20% de *Thymus vulgaris* apresentou a maior inibição contra *Streptococcus mutans*. Noutro estudo, o extrato etanólico seco de *Thymus vulgaris* recolhido de Jerash, no norte da Jordânia, mostrou uma elevada eficácia contra *Enterobacter, Pseudomonas aeruginosa, Staphylococcus aureus e Escherichia coli* (**Dababneh,** 2007).

Foi conseguida uma redução de 2,2 log de *Salmonella* através de uma aplicação por imersão de filetes de peito de frango numa solução contendo timol, dodecil sulfato de sódio e ácido acético, enquanto que foi necessária uma concentração mais elevada de cloro (200 ppm) para produzir resultados semelhantes (**Lu e Wu**, 2012). Também os peitos de frango revestidos com 0,5% de óleo de tomilho diminuíram as contagens *de Salmonella* em 2 e 3 log nas fases de armazenamento 4 e 8 (**Goswami et al.,** 2009).

Os resultados da investigação de **Thanissery e Smith** (2013) indicaram que a combinação de óleo essencial de tomilho e laranja ao nível de 0,5% na solução de marinada aplicada por tombamento a vácuo reduziu significativamente (P <0,05) o número de *Salmonella* Enteritidis viáveis em 2,6 e 2,3 log cfu/ mL em filetes de peito de frango.

2.3. Óleo essencial de orégãos

Os orégãos (*Origanum vulgare* subsp. *hirtum*), uma erva da família *Labiateae*, são utilizados há muito tempo como agente aromatizante da carne. A análise química do OE de orégãos revelou a presença de vários ingredientes, a maioria dos quais possui importantes propriedades antioxidantes e antimicrobianas (**Exarchou et al., 2002; Botsoglou et al., 2003; Ozkan et al., 2003**). O carvacrol e o timol, os dois fenóis principais que constituem cerca de 78-85% do óleo essencial de orégãos, são os principais responsáveis pela atividade antimicrobiana do óleo (**Kokkini et al. 1997**). Além disso, outros constituintes menores, como os hidrocarbonetos monoterpenos γ-terpineno e p-cimeno, também contribuem para a atividade antibacteriana do óleo (**D'Antuono, 2000, Burt, 2004**).

A atividade antimicrobiana do óleo essencial de orégãos contra agentes patogénicos de origem alimentar foi examinada em muitos estudos in vitro, mas apenas em alguns estudos in vivo.

Uma pesquisa bibliográfica mostra que a atividade do óleo essencial de orégãos contra *Salmonella* Enteritidis foi recentemente examinada apenas em carne picada de bovino (**Barbosa et al., 2009**).

2.3.1. Atividade antimicrobiana do óleo essencial de orégãos

A eficácia antimicrobiana do óleo essencial de orégãos contra *Salmonella* Enteritidis foi estudada em vários alimentos de composição variável. A adição de óleo essencial de orégãos em taramasalad, um aperitivo tradicional grego de ovas de peixe salgadas (pH cerca de 4,5), em concentrações (0,5, 1,0 e 2,0%) resultou numa diminuição que variou entre 0,5 e 6,5 log da *Salmonella* Enteritidis (população inicial cerca de 7,5 ufc/g) durante o armazenamento refrigerado durante 10 dias

(Koutsoumanis et al., 1999). **Tassou et al., 1999,** referiram que a aplicação superficial de uma mistura de sumo de limão (10%) e óleo essencial de orégãos (0,4%) em azeite a filetes de bacalhau reduziu a população inicial inoculada de 7 log ufc/g de *Salmonella* Enteritidis em quase 1 log ufc/g no final da armazenagem em condições anaeróbias ou aeróbias a 1 °C durante 15 e 30 dias, respetivamente.

De acordo com os dados apresentados na pesquisa de **Oliveira et al.,** 2013, ambos os OEs em todas as concentrações testadas mostraram atividade antimicrobiana significativa (p<0,05) contra *Salmonella* Enteritidis em carne moída, especialmente o óleo de capim-limão, com as menores contagens bacterianas. Após 12 h de armazenamento refrigerado, o OE de erva-limão reduziu a população de *Salmonella* Enteritidis em 2,09 log10 ufc/g, e o OE de orégãos na mesma concentração reduziu a população em 1,15 log10 ufc/g. A concentrações de 15,60 gL/g, o óleo essencial de erva-limão teve uma atividade bactericida de 100% no primeiro tempo de análise (12 h) e o óleo essencial de orégãos teve o mesmo resultado, mas este só foi atingido após 4 dias de armazenamento a uma concentração de 15,60 gL/g. Esta menor atividade antibacteriana do óleo essencial de orégãos quando comparado com o OE de erva-limão deve-se, em parte, ao facto de as proteínas e as gorduras terem a propriedade de se ligarem ou solubilizarem os compostos fenólicos (carvacrol e timol), reduzindo a sua disponibilidade para a ação bactericida na carne moída (**Hayouni et al., 2008**). Hayouni et al. estudaram o efeito da sálvia (*Salvia officinalis*) e da pimenta peruana (*Schinus molle*) sobre a *Salmonella* Anatum e *a Salmonella* Enteritidis nas concentrações de 0,02, 0,06, 0,1, 1, 1,5, 2 e 3% na carne moída armazenada a uma temperatura de 4 °C a 7 °C durante 15 dias. Em concentrações de 0,02, 0,06 e 0,1%, o óleo essencial de sálvia mostrou um efeito bacteriostático em ambas as bactérias, enquanto o óleo de pimenta eeruviana exibiu o mesmo efeito em uma concentração de 1%. Em concentrações mais elevadas (1,5, 2 e 3% para o óleo essencial *de Salvia officinalis*, 2 e 3% para o óleo essencial *de Schinus molle*), os óleos essenciais mostraram um efeito bactericida em ambas as bactérias, e *a Salmonella* Enteritidis mostrou maior sensibilidade do que *a Salmonella* Anatum .

O estudo de **Stefanikis et al.**, 2013, sugere que os óleos essenciais de orégãos e manjerona têm um efeito antibacteriano forte e de largo espetro contra estirpes bacterianas de *Escherichia coli, Sacharomyces cerevisiae, Listonella anguillarum*, bem como as do grupo *Vibrio* sp.

Origanum onites mostrou atividade antibacteriana contra *Salmonella* Typhimurium (17 mm/15 µL de zona de inibição). Ainda assim, este óleo mostrou a maior atividade antibacteriana (25-35 mm/15 µL de zona de inibição) contra *Staphylococcus aureus* e *Enterobacter aerogenes*, **Erturk et al.**, 2006

O objetivo do estudo de **Silva et al.**, 2012, foi aplicar o óleo essencial de orégano (OEO) das regiões mediterrâneas, rico em Carvacrol e traços de p-Cimeno e γ-Terpineno como estratégia de prevenção contra *Salmonella* Enteritidis (SE), controlando sua multiplicação em salada de vegetais preparada com maionese. Verificou-se uma redução de > 0,5 log até 4 horas a 30° C e até 24 horas a 8° C em relação ao controlo. Os seus dados sugerem que o OEO fornece uma proteção adicional capaz de aumentar a segurança da salada de legumes com maionese contaminada com *Salmonella* Enteritidis, mas não para aqueles sujeitos a abuso de temperatura. É importante observar que o pH da maionese e da Aw aumentou com a adição de salada de legumes, indicando que a segurança microbiológica da maionese é reduzida quando esta é misturada com outros ingredientes, permitindo a multiplicação microbiana. Como conclusão, é importante observar que o uso de biopreservantes (antimicrobianos naturais) caracteriza-se como uma barreira adicional às Boas Práticas de Fabricação (BPF) e ao programa APPCC (Análise de Perigos e Pontos Críticos de Controle), fundamentais para a Segurança Alimentar.

Choluiara et al., 2007 combinaram óleo essencial de orégano e embalagem em atmosfera modificada (MAP) para o prolongamento da vida útil de carne fresca de peito de frango, armazenada a 4 °C. O efeito do óleo essencial de orégano (0,1 e 1% p/p) foi avaliado em combinação com dois tipos de MAP [30:70 CO_2:N2 (MAP1) e 70:30 CO_2:N2 (MAP2)]. As amostras tratadas com 1% de óleo de orégãos e embaladas em ambos os MAP não atingiram o nível crítico de contagem de células (7 log cfu/g) durante um período de armazenamento de 25 dias.

O efeito antimicrobiano do óleo essencial de orégãos (EO) a 0,6 ou 0,9%, da nisina a 500 ou 1000 UI/g e da sua combinação contra a *Salmonella* Enteritidis foi estudado em carne de carneiro picada durante a armazenagem a 4 °C ou 10 °C durante 12 dias. O tratamento da carne picada de ovino com nisina a 500 ou 1000 UI/g revelou-se insuficiente para atuar contra a *Salmonella* Enteritidis. A combinação do óleo essencial de orégãos a 0,6% com nisina a 500 UI/g mostrou uma atividade antimicrobiana mais forte contra a *Salmonella* Enteritidis do que o óleo essencial de orégãos a 0,6%, mas inferior à combinação com nisina a 1000 UI/g, que por sua vez foi inferior à do óleo essencial de orégãos a 0,9%, **Govaris et al.,** 2010.

2.4. Óleo essencial de menta

Mentha piperita, (Fam. *Lamiaceae*) é a espécie encontrada em Marrocos (**Derwich et al.,** 2011). O rendimento do óleo essencial de *Mentha piperita* foi de 1,02% e o composto principal nas folhas foi: Mentona (29,01%) seguido de mentol (5,58%), acetato de mentol (3,34%), mentofurano (3,01%), 1,8-cineol (2,40%), isomentona (2,12%), limoneno (2,10%), α-pineno (1,56%), germacreno-D (1,50%), β-pineno (1,25%), sabineno (1,13%) e pulegona (1,12%). A atividade de eliminação de radicais (% de inibição) do óleo essencial de *Mentha piperita* foi a mais elevada (81,09±1,21%) na concentração de 150 gg/mL.

A Mentha piperita L. (hortelã-pimenta) é uma planta medicinalmente importante que pertence à família Labiate (**Kirethekar e Basu**, 1985). A hortelã-pimenta é uma planta herbácea não nativa, é uma planta perene, que pode atingir 100 cm de altura (40 polegadas) e tem um caule de quatro lados. O óleo de hortelã-pimenta ou o chá de hortelã-pimenta é frequentemente utilizado para tratar gases e indigestão; pode também aumentar o fluxo de bílis da vesícula biliar **Mimica-Dukic et al.** (2003).

2.4.1. Atividade antimicrobiana do óleo essencial de menta

O óleo essencial *de Mentha pulegium* foi bactericida para todas as estirpes testadas em valores mais elevados de MBC do que os valores de CIM; no entanto, o óleo essencial *de Lavandula stoechas* não foi bactericida para *Salmonella* Senftenberg, *Yersinia enterocolitica* e *Escherichia coli* CECT 471, enquanto o OE de *Sathureja calamintha* não foi bactericida para *Salmonella* Senftenberg, *Yersinia enterocolitica* e *Enterococcus faecium,* (**Cherat et al.**, 2014). O óleo essencial de hortelã (*Mentha piperita*) foi mais eficaz contra *Staphylococcus aureus* e *Salmonella* Enteritidis (**Tassou et al.**, 2000).

Os vários extractos brutos de *Mentha piperita* mostraram uma atividade significativa contra todas as bactérias testadas: *Bacillus subtilis, Pseudomonas aerogenosa* do que *Streptococcus aureus, Pseudomonas aureus* e *Serratia marcesens*. O extrato de folha de acetato de etilo de *Mentha piperita* mostrou uma inibição pronunciada do que o clorofórmio, o éter de petróleo e a água (**Bupesh et al.**, 2007).

O objetivo do estudo de **Heydari et al.**, 2015, foi determinar a atividade antibacteriana da *Mentha longifolia* contra a *Salmonella* Typhimurium. O método de microdiluição em caldo foi utilizado para determinar a Concentração Inibitória Mínima (CIM) e a Concentração Bactericida Mínima (CBM). Todos os testes foram efectuados em caldo Mueller Hinton suplementado com Tween 80 a uma concentração final de

0,5%. Os resultados mostraram que a concentração mais baixa da CIM foi de 5 mg/ml e que uma estirpe de *Salmonella* foi inibida. Os valores mais elevados e mais baixos de MBC do extrato foram 40 e 10 mg/ml, respetivamente.

Os óleos essenciais de *Mentha viridis* L. e *Mentha pulegium* L. (em concentrações que variaram de 3,91 a 500 µL·mL-1) apresentaram atividades satisfatórias contra *Listeria monocytogenes* ATCC 7644, *Escherichia coli* ATCC 11229, *Staphylococcus aureus* ATCC 6538 e *Salmonella* Choleraesuis ATCC 6539. Os óleos essenciais de *Mentha viridis* e *Mentha pulegium* apresentaram a mesma concentração inibitória mínima (CIM) de 62,5 µL·mL-1 para a bactéria Gram-negativa *Escherichia coli*, formando halos de inibição de 6 mm nessa concentração. Ao contrário da *Escherichia coli*, a *Salmonella* Choleraesuis foi mais sensível aos óleos essenciais. A concentração inibitória mínima foi de 31,3 µL·mL⁻¹ para ambos os óleos essenciais. Os diâmetros das zonas de inibição foram de 8 mm, **Silva et al.**, 2015.

O óleo essencial *de Mentha piperita* formou uma zona de inibição contra *Escherichia coli, Staphylococcus aureus, Pseudomonas pyocyaneus, Yersinia enterolitica, Aeromonas hydrophila, Enterococcus faecalis, Sacharomyces cerevisiae, Kluyveromices fragilis*. A zona de inibição foi maior em *Yersinia enterolitica* e *Enterococcus faecalis*, mas menor em *Pseudomonas pyocyaneus*, **Toroglu**, 2011.

2.5. Óleo essencial de alecrim

O alecrim (*Rosmarinus officinalis* L.) tem uma importância considerável em termos do seu grande valor medicinal e aromático. Esta planta pertence à família *Lamiaceae*. O alecrim é uma erva perene e perene com folhas perfumadas em forma de agulha (**Bousbia et al.**, 2008). As ervas de alecrim têm sido amplamente utilizadas na medicina tradicional e na cosmética. São também utilizadas como agentes aromatizantes em alimentos (**Pintore, et al.**, 2002). O óleo essencial *de Rosmarinus* *officinalis* também é importante para as suas utilizações medicinais

e as suas poderosas propriedades antibacterianas, citotóxicas, antimutagénicas, antioxidantes, antiflogísticas e quimiopreventivas (**Celiktas et al.,** 2007).

A análise GC e GC-MS revelou que os componentes principais determinados no óleo essencial *de R. officinalis* foram 1,8-cineol (38,5%), cânfora (17,1%), α-pineno (12,3%), limoneno (6,23%), canfeno (6,00%) e linalol (5,70%), **Hussain et al.,** 2010.

A análise química do óleo essencial de alecrim por GC identificou 11 compostos que constituem 78,25% do óleo essencial de alecrim. Os principais componentes do óleo essencial incluem alfa-pineno (23,93%), canfeno (8,7%), cânfora (10,97%), verbenon (15,44%), p-cimeno (7,48%) e 3-octanona (5,63%), **Mehrsorosh et al.,** 2014.

2.5.1. Atividade antimicrobiana do óleo essencial de alecrim

O estudo de **Barbosa et al.,** (2016) avaliou o efeito da aplicação combinada de óleos essenciais (OEs) de *Origanum vulgare* L. - orégãos e *Rosmarinus officinalis* L. - alecrim, isoladamente ou em combinação em concentrações subinibitórias, contra três bactérias patogénicas que estão associadas a vegetais de folha fresca: *Listeria monocytogenes* (*L. monocytogenes*), *Escherichia coli* (*E. coli*) e *Salmonella enterica* Serovar Enteritidis (*S.* Enteritidis). A concentração inibitória mínima (CIM) dos orégãos foi de 0,6 ml/mL contra as estirpes testadas, quer em inóculo único quer em inóculo misto. A CIM do alecrim foi de 5 mL/mL contra *Listeria monocytogenes* e *Escherichia coli* e de 10 mL/mL contra *Salmonella* Enteritidis em inóculos simples, enquanto que foi de 10 mL/mL contra o inóculo misto. O índice de concentração inibitória fraccionada dos OEs combinados foi de 0,5 contra o inóculo bacteriano misto, o que sugeriu uma interação sinérgica. A incorporação de orégãos e alecrim isoladamente (CIM) ou combinados em diferentes concentrações subinibitórias em caldo de legumes resultou numa diminuição das contagens de células viáveis de todas as estirpes de teste ao longo de 24 h. Após um tratamento de 10 minutos, os orégãos e o alecrim, isoladamente ou combinados em diferentes concentrações subinibitórias, causaram uma diminuição semelhante (p > 0,05) nas contagens de todos os grupos (ou famílias) de microrganismos de deterioração avaliados. A diminuição das contagens de bactérias mesófilas, enterobactérias e fungos foi sempre próxima de 3,0, 2,5 e 3,1 ciclos logarítmicos, respetivamente. Em geral, a exposição dos óleos essenciais durante 10 minutos causou uma maior diminuição (p < 0,05) nas contagens da flora nativa de deterioração em comparação com 5 minutos.

O óleo essencial de alecrim foi testado contra oito estirpes de bactérias: *Staphylococcus aureus* (NCTC 6571), *Bacillus cereus* (ATCC 11778), *Bacillus subtilis* (NCTC 10400), *Bacillus pumilis* (tipo selvagem), *Pseudomonas aeruginosa* (NCTC 1662), *Salmonella poona* (NCTC 4840), *Escherichia coli* (ATCC 8739) e *Escherichia coli* resistente à anficilina (NCTC 10418). Os resultados do ensaio de difusão em disco seguido do ensaio de resazurina modificado indicaram que o óleo essencial testado apresentou uma maior atividade antibacteriana contra bactérias Gram-positivas (IZ 18.0- 24.2; MIC 0.20-0.48 mg/mL) do que contra bactérias Gram-negativas (IZ 12.817.5; MIC 1.16-1.72 mg/ mL), **Hussain et al.,** 2010.

O extrato hidroalcoólico de *Rosmarinus officinalis* Linn. (alecrim) foi testado contra estirpes padrão de *Streptococcus mitis*, *Streptococcus sanguinis*, *Streptococcus mutans*, *Streptococcus sobrinus* e *Lactobacillus casei*, e a sua atividade antimicrobiana foi comprovada em todos os testes, exceto contra *Streptococcus mitis*, **Silva e Fernandez,**2010.

O objetivo do estudo de **Kwiatkowski et al.,** 2015, foi avaliar as propriedades antibacterianas de óleos essenciais comerciais (alecrim, cominho e funcho) para reduzir o número de *Staphylococcus aureus* e *Escherichia coli*. Os resultados das experiências mostraram que os óleos essenciais contidos em meios microbiológicos reduziram significativamente o número de células de *Staphylococcus aureus* e *Escherichia coli*. As melhores propriedades antibacterianas foram obtidas com o óleo de alcaravia: 1 mg/g para *Staphylococcus aureus* e 10 mg/g para *Escherichia coli,* óleos mais fracos de alecrim (5 mg/g) e funcho (20 mg/g).

A combinação dos óleos essenciais de cravinho e alecrim produziu um efeito aditivo contra as bactérias Gram-positivas e Gram-negativas, nomeadamente *Staphylococcus aureus, Staphylococcus epidermidis, Bacillus subtilis, Escherichia coli, Proteus vulgaris* e *Pseudomonas aeruginosa* (**Faleiro**, 2013).

Os óleos essenciais *de Origanum vulgare* e *Rosmarinus officinalis* combinados em concentrações sub-inibitórias foram eficazes na inibição do crescimento e sobrevivência de microrganismos patogénicos e de deterioração associados a vegetais minimamente processados, embora o modo de ação subjacente continue a ser explorado no futuro. A avaliação sensorial sugeriu que a aplicação do

óleos essenciais em mistura em concentrações sub-inibitórias como higienizador em vegetais seria aceitável para os consumidores, principalmente quando considerado um tempo de armazenamento mais prolongado, (**Azeredo et al.,** 2011).

CAPÍTULO 3

3. Conclusão

Os extractos antimicrobianos naturais de ervas aromáticas, especiarias e plantas podem ser utilizados na indústria alimentar para prevenir o crescimento de agentes patogénicos de origem alimentar e de microrganismos responsáveis pela deterioração dos alimentos e para aumentar o prazo de validade e a estabilidade. Devido aos efeitos antioxidantes e antimicrobianos dos ingredientes naturais, estes podem ser uma boa alternativa aos métodos clássicos de conservação dos alimentos e à utilização de conservantes químicos e aditivos alimentares. Estes produtos vegetais demonstraram reduzir o crescimento de microrganismos Gram-positivos e Gram-negativos, incluindo agentes patogénicos de origem alimentar (**Bor et al.,**). Três factores principais podem influenciar os resultados de um teste da atividade antimicrobiana de um óleo vegetal: a composição e solubilidade do óleo, o microrganismo e o método de crescimento e enumeração das bactérias sobreviventes (**Zaika**, 1988).

CAPÍTULO 4

4. Referências

1. **Ahmadi, R., Alizadeh, A., Ketabchi, S.** (2015). Atividade antimicrobiana do óleo essencial de Thymus kotschyanus cultivado selvagem no Irã. Revista Internacional de Biociências, 6, 3, p. 239-248.

2. **Almajano, M. P., Carbo, R., Lopez Jimenez, J. A., & Gordon, M. H.** (2008). Antioxidant and antimicrobial activities of tea infusions (Actividades antioxidantes e antimicrobianas de infusões de chá). Food Chemistry, 108, 1, p. 55-63.

3. **Arranz E, Jaime L, Lo'pez de las Hazas MC, Reglero G, Santoyo S.** (2015). Extração de fluido supercrítico como um processo alternativo para obter óleos essenciais com propriedades antiinflamatórias de manjerona e manjericão. Industrial Crops Products, 67, p. 121-9.

4. **Azeredo, G. A., Stamford, T. L. M., Nunes, P. C., Neto, N. J. G., Oliveira, M. E. G., Souza, E. L.** (2011). Aplicação combinada de óleos essenciais de *Origanum vulgare* L. e *Rosmarinus officinalis* L. na inibição de bactérias e microflora autóctone associadas a vegetais minimamente processados. Food Research International, 44, p. 1541-1548.

5. **Bagamboula, C., Uyttendaele, M., & Debevere, J.** (2003). Efeito antimicrobiano de especiarias e ervas aromáticas em *Shigella sonnei* e *Shigella flexneri*. Journal of Food Protection, 66, p. 668-673.

6. **Bakkali, F., Averbeck, S., Averbeck, D., Idaomar, M.** (2008). Biological effects of essential oils-a review. Food and Chemical Toxicology, 46, p. 446-475.

7. **Baljeet, S.Y., Simmy, G., Ritika, Y., Roshanlal, Y.** (2015). Atividade

antimicrobiana de extractos individuais e combinados de especiarias selecionadas contra alguns microrganismos patogénicos e de deterioração alimentar. Jornal Internacional de Investigação Alimentar, 22, 6, p. 2594-2600.

8.   **Barbosa, L.N., Rall, V.L.M., Fernades, A.A.H., Ushimaru, P.L.I., da silva Probst, I., Fernandes, A.** (2009). Óleos essenciais contra agentes patogénicos de origem alimentar e bactérias de deterioração em carne picada. Foodborne Pathogens and Disease, 6, p. 725728.

9.   **Barbosa,I.M., da Costa Medeiros, J.A., Kataryne, de Oliveira, A.R., Gomes-Neto, N. J., Tavares, J. F., Magnani, M., de Souza, E. L.** (2016). Eficácia da aplicação combinada dos óleos essenciais de orégano e alecrim no controle de *Escherichia coli*, *Listeria monocytogenes* e *Salmonella* Enteritidis em vegetais folhosos. Food Control, 59, p. 468-477.

10.   **Belaqziz, R., Bahri, F., Romane, A., Antoniotti, S., Fernandez, X., Dunach, E.** (2013). Composição do óleo essencial e atividade antibacteriana das diferentes partes de Thymus maroccanus Ball: uma espécie endémica em Marrocos. Natural Product Research, 27, p. 1700-1704.

11.   **Bor, T., Aljaloud, O.S., Gyawali, R., Ibrahim, A.S. ( ).**

Antimicrobianos de ervas, especiarias e plantas. Capítulo 26, p. 551-571.

12.   **Boskovic, M., Zdravkovic, N., Ivanovic, J., Janjic, J., Djordjevic, J., Starcevic, M., Baltic, Z.M.** (2015). Atividade antimicrobiana dos óleos essenciais de tomilho (*Tymus vulgaris*) e orégano (*Origanum vulgare*) contra alguns microorganismos de origem alimentar. Procedia Food Science, 5, p. 18 - 21.

13.   Bosnic, **T.,** Softie, **Dz.,** Grujic-Vasic, **J.** (2006). Antimicrobial Activity of Some Essential Oils and Major Constituents of Essential Oils (Atividade

Antimicrobiana de Alguns Óleos Essenciais e Principais Constituintes de Óleos Essenciais). Ata Medica Academica, 35, p. 19-22.

14.   **Bounatirou, S., Smiti, S., Miguel, M.G., Faleiro, L., Rejeb, M.N., Neffati, M., Costa, M.M., Figueiredo, A.C., Barroso, J.G., Pedro, L.G.** (2007). Composição química, actividades antioxidante e antibacteriana dos óleos essenciais isolados de *Thymus capitatus* Hoff. et Link. da Tunísia. Química Alimentar, 105, p. 146155.

15.   **Bousbia, N., Vian, M.A., Ferhat, M.A., Petitcolas, E., Meklati, B.Y., Chemat, F.** (2008). Comparação de dois métodos de isolamento de óleo essencial de folhas de alecrim: Hidrodestilação e hidrodifusão por micro-ondas e gravidade. Química Alimentar, 14, p. 355-362.

16.   **Botsoglou, N.A., Govaris, A., Botsoglou, E.N., Grigoropoulou, S., Papageorgiou, G.** (2003). Antioxidant activity of dietary oregano essential oil and α-tocopheryl acetate supplementation in long-term frozen stored turkey meat. Journal of Agricultural and Food Chemistry, 51, p. 2930-2936.

17.   **Bupesh, G., Amutha, C., Nandagopal, S., Ganeshkumar, A., Supeshkumar, P., Saravaana Murali.** (2007). Atividade antibacteriana de *Mentha piperita* L. (hortelã pimenta) a partir de extractos de folhas - uma planta medicinal. Ata agriculturae Slovenica, 89, 1, p. 73-79.

18.   **Burt, S.** (2004). Óleos essenciais: As suas propriedades antibacterianas e potenciais aplicações nos alimentos - Uma revisão. International Journal of Food Microbiology, 94, 3, p. 223-253.

19.   **Celikel, N., e Kavas, G.** (2008). Antimicrobial Properties of Some Essential Oils against Some Pathogenic Microorganisms (Propriedades antimicrobianas de alguns óleos essenciais contra alguns microrganismos patogénicos). Jornal Checo de Ciência Alimentar, 26, 3, p. 174-181.

20.   **Celiktas, O.Y., Kocabas, E.E.H., Bedir, E., Sukan, F.V., Ozek, T., Baser, K.H.C.** (2007). Actividâdes antimicrobianas de extractos de metanol e óleos essenciais de *Rosmarinus oficinalis*, dependendo da localização e das variações sazonais. Food Chemistry, 100, p. 553-559.

21.   **Cherrat, L., Espina, L., Bakkali, M., Pagan, R., Amin Laglaoui, A.** (2014). Composição química, propriedades antioxidantes e antimicrobianas dos óleos essenciais de *Mentha pulegium, Lavandula stoechas* e *Satureja calamintha* Scheele e uma avaliação do seu efeito bactericida em processos combinados. Ciência Alimentar Inovadora e Tecnologias Emergentes, 22, p. 221-229.

22.   **Chouliara, E., Karatapanis, A., Savvaidis, I.N., Kontominas, M.G.** (2007). Combined effect of oregâno essential oil and modified atmosphere packaging on shelf life extension of fresh chicken breas tmeat, stored at 4 °C. Food Microbiology, 24, p. 607-617.

23.   **Carvalho, M. S. S., Santiago, J. A., , Nelson, D. L., Singh, A., Singh, R. K., Bhunia, A. K., Singh, N.** (2003). Eficácia dos óleos essenciais de plantas como agentes antimicrobianos contra Listeria monocytogenes em cachorros-quentes. LWTeFood Science and Technology, 36, 8, p. 787-794.

24.   **Chivandi, E., Dangarembizi, R., Nyakudya, T.T., Erlwanger, K.H.** (2016). Óleos essenciais na preservação, sabor e segurança dos alimentos. Elsevier, http://dx.doi.org/10.1016/B978-0-12-416641-7.00008-0.

25.   **Dababneh, B.F.** (2007). Atividade antimicrobiana e diversidade genética de espécies de *Thymus* em microrganismos patogénicos. Journal of Food, Agriculture and Environment, 5, p. 158-162.

26.   **D'Antuono, L. F., Galletti, G. C., & Bocchini, P.** (2000). Variabilidade do teor e da composição do óleo essencial das populações de *Origanum vulgare* L. de uma zona do Norte do Mediterrâneo (Região da Ligúria, Norte de Itália). Anais de

Botânica, 86, p. 471-478.

27.   **Del Nobile, A.M., Di Benedetto N., N. Suriano, N., A. Conte, A., C. Lamacchia, C., M.R. Corbo, R.M., Sinigaglia, M.** (2009). Utilização de compostos naturais para melhorar a estabilidade microbiana da massa fresca caseira à base de amaranto. Food Microbiology, 26, p. 151-156.

28.   **Derwich, E.„ Chabir, R., Taouil, R., Senhaji, O.** (2011). Atividade Antioxidante *In-vitro* e Estudos GC/MS sobre as Folhas de *Mentha piperita* (*Lamiaceae*) de Marrocos. Revista Internacional de Ciências Farmacêuticas e Investigação de Medicamentos, 3(2), p. 130-136.

29.   **Diez, J. G.** (2015). Óleos essenciais de ervas aromáticas e especiarias em produtos cárneos curados a seco. Tese de Doutoramento. UNIVERSIDADE DE TRAS-OS-MONTES E ALTO DOURO.

30.   **Dobre, A.A., Gagiu, V., Petru, V.** (2011). Atividade antimicrobiana de óleos essenciais contra bactérias de origem alimentar avaliada por dois métodos preliminares. Cartas Biotecnológicas Romenas, 16, 6, p. 119-125.

31.   **Ela, M.A., El-Shaer, S.n., e Ghanem, B.N.** (1996). Avaliação antimicrobiana e análise cromatográfica de alguns óleos essenciais e fixos. Pharmazie, 51, p. 993-995.

32.   **Elumalai**, K., **K. Krishnappa, K., Neelakandan, N.** (2010). Atividade antibacteriana de seis óleos essenciais contra algumas bactérias patogénicas. Revista Internacional de Investigação Científica Recente, 1, p. 0021-0027.

33.   **Emiroglu, Z.K., Yemis, G.P., Coskun, B.K., Candogan, K.** (2010). Antimicrobial activity of soy edible films incorporated with thyme and oregano essential oils on fresh ground beef patties. Meat Sci. 86, 2, p. 283-288.

34.   **Engayyar, M., Draughon A.F., Golden, A.D., Mount, R.J.** (2001).

Antimicrobial activity of essential oils from plants against selected pathogenic and saprophytic microorganisms. Jornal de Proteção Alimentar, 64, 7, p. 1019-1024.

35. **Erturk, O., Ozbucak, T.B., Bayrak, A.** (2006). Actividades antimicrobianas de alguns óleos essenciais medicinais. Herba polonica, 52, 1 / 2, p. 58-66.

36. **Evrendilek, A.G.** (2015). Previsão empírica e validação dos efeitos inibitórios antibacterianos de vários óleos essenciais de plantas em bactérias patogénicas comuns. Jornal Internacional de Microbiologia Alimentar, 202, p. 35-41.

37. **Exarchou, V., Nenadis, N., Tsimidou, M., Gerothanassis, I.P., Troganis, A., Boskou, D.** (2002). Actividades antioxidantes e composição fenólica de extractos de orégãos gregos, salva grega e segurelha de verão. Journal of Agriculture and Food Chemistry, 50, p. 5294-5299.

38. **Faleiro, M.L.** 2013. O modo de ação antibacteriana dos óleos essenciais. Em -Microbial pathogens and strategies for combating them: science, technology and education!, (A. Mendez-Vilas Ed.). Centro de Investigação Formatex, Zurbaran, 06002 Badajoz, Espanha, p. 1143-1156.

39. **Friedman, M., Henika, R.P., Mandrell, E.R.** (2002). Bactericidal Activities of Plant Essential Oils and Some of Their Isolated Constituents against *Campylobacter jejuni, Escherichia coli, Listeria monocytogenes,* and *Salmonella enterica.* Jornal de Proteção Alimentar, 65, 10, p. 1545-1560.

40. **Friedman, M., Henika, R.P., Levin, E. C., Mandrell, E.R.** (2004). Antibacterial Activities of Plant Essential Oils and Their Components against *Escherichia coli* O157:H7 and *Salmonella enterica* in Apple Juice. Journal of Agriculture and Food Chemistry, 52, p. 6042-6048.

41. **Fyfe, L., Armstrong, F., Stewart, J.** (1998). Inhibition of *Listeria*

monocytogenes and *Salmonella* Enteritidis by combinations of plant oils and derivatives of benzoic acid the development of synergistic antimicrobial combinations. Jornal Internacional de Agentes Antimicrobianos, 9, p. 195-199.

42. **Gill, A.O., Delaquis, P., Russo, P., Holley, R.A.** (2002). Avaliação da ação antilisterial do óleo de coentros em presunto embalado a vácuo. International Journal of Food Microbiology, 3, p. 83-92.

43. **Goswami, N., Han, J. H., Holley, R. A.** (2009). Effectiveness of antimicrobial starch coating containing thyme oil against *Salmonella, Listeria, Campylobacter*, and *Pseudomonas* on chicken breast meat. Eficácia do revestimento antimicrobiano de amido contendo óleo de tomilho contra *Salmonella, Listeria, Campylobacter* e *Pseudomonas* em carne de peito de frango. Food Science and Biotechnology, 18, p. 425-431.

44. **Govaris , A., Solomakos, N., Pexara, A., Chatzopoulou, P.S.** (2010). O efeito antimicrobiano do óleo essencial de orégãos, da nisina e da sua combinação contra *Salmonella* Enteritidis em carne picada de ovino durante a armazenagem refrigerada. Jornal Internacional de Microbiologia Alimentar, 137, p. 175-180.

45. **Graumann, G. H., e Holley, R. A.** (2008). Inhibition of *Escherichia coli* O157:H7 in ripening dry fermented sausage by ground yellow mustard. Journal of Food Protection, 71, 3, p. 486-493.

46. **Grayer, R.J., Kite, G.C., Veitch, N.C., Eckert, M.R., Marin, P.D., Senanayake, P.** (2002). Glicosídeos flavonóides da folha como caracteres quimiossistemáticos em *Ocimum*. Biochemical Systematic and Ecology, 30, p. 327-342.

47. **Gutierrez, J., Barry-Ryan, C., Bourke, P**. (2008). A eficácia antimicrobiana de combinações de óleos essenciais de plantas e interações com ingredientes alimentares. Jornal Internacional de Microbiologia Alimentar, 124, 1, p.

91-97.

48. Hammad, M, Sallal, A.K., Darmani, H. (2007). Inibição da adesão de *Streptococcus mutans* às células epiteliais bucais por um extrato aquoso de *Thymus vulgaris*. Jornal Internacional de Higiene Dentária, 5, p. 232-235.

49. **Hazzit, M., Baaliouamer, A., Verissimo, A. R., Falerio, M. L., Miguel, M. G.** (2009). Composição química e actividades biológicas dos óleos do timo argelino. Food Chemistry, 116, p. 714-721.

50. **Hayouni, E. A., Chraief, I., Abedrabba, I. C., Bouix, M., Leveau, J., Mohammed, H., et al.** (2008). Óleos essenciais de *Salvia officinalis* L. e *Schinus molle* L. da Tunísia: As suas composições químicas e os seus efeitos conservantes contra Salmonella inoculada em carne picada. Jornal Internacional de Microbiologia Alimentar, 125, p. 242-251.

51. **Heydari, F., Saeedi, S., Hassanshahian, M.** (2015). Atividade antibacteriana de *Mentha longifolia* contra *Salmonella* Typhimurium. Advanced Herbal Medicine, 1, 3, p. 42-47.

52. **Hussain, A.I., Anwar, F., Hussain-Sherazi, S.T., Przybylski, R.** (2008). A composição química, as actividades antioxidantes e antimicrobianas dos óleos essenciais de manjericão (*Ocimum basilicum*) dependem das variações sazonais. Food Chemistry, 108, p. 986 - 95.

53. **Hussain, A. I., Anwar, F., Chatha, S. A. S., Jabbar, A., , Mahboob, S., Nigam, P. S. (2010).** Óleo essencial de *Rosmarinus officinalis*: atividades antiproliferativa, antioxidante e antibacteriana. Revista Brasileira de Microbiologia, 41, p. 1070-1078.

54. **Hyldgaard, M., Mygind, T., Meyer, R.L.** (2012).Óleos essenciais na conservação de alimentos: modeofacção, sinergias e interações com componentes da

matriz alimentar. *Frontiers in Microbiology,* 3:12. doi:10.3389/fmicb.2012.00012

55.	**Javanmardi, J., Stushnoff, C., Locke, E., Vivanco, J.M**. (2003). Antioxidant activity and total phenolic content of Iranian *Ocimum* accessions. Food Chemistry, 83, p. 547-550.

56.	**Jemaa, B.M., Falleh, H., Neves, A. M., Isoda, H., Mitsutoshi Nakajima, M., Ksouri, R.** (2017). Preservação da qualidade do leite deliberadamente contaminado utilizando óleos essenciais livres de tomilho e nanoemulsionados. Química dos Alimentos, 217, p.726-734.

57.	**Karabagias, I., Badeka, A., Kontominas, M. G.** (2011). Shelf life extension of lamb meat using thyme or oregano essential oils and modified atmosphere packaging. Meat Science, 88, 1, p. 109-116.

58.	**Karagozlu, N., Ergonul, B., Ozcan, D.** (2011). Determinação do efeito antimicrobiano dos óleos essenciais de hortelã e manjericão na sobrevivência de *E. coli* O157:H7 e *S. typhimurium* em alface fresca e beldroegas. Food Control, 22, p. 18511855.

59.	**Karimi, F., Rezaei, M., Shariatifar, N., Sayadi, M., Mohammadpourfard, I., Malekabad, E., Jafari, H.** (2014). Atividade antimicrobiana da salsa Atividade antimicrobiana do óleo essencial de salsa (*Petroselinum Crispum*) contra bactérias patogênicas alimentares. Revista Mundial de Ciências Aplicadas, 31, 6, p. 11471150.

60.	**Kirethekar, Basu, I.** 1985: Indian Medicinal Plants. p. 714-716.

61.	**Kisluk, G., Kalily, E., Yaron, S.,** (2013). A resistência aos óleos essenciais afecta a sobrevivência de serovares *de Salmonella enterica* em manjericão em crescimento e colhido. Microbiologia Ambiental, 15, p. 2787-2798.

62.	**Koga T, Hirota N, Takumi K.** (1999). Bactericidal activities of essential oil of basil and sage against a range of bacteria and the effect of these essential oils on *Vibrio parahaemolyticus*. Microbiological Research, 154, p. 267-73.

63. **Kokkini, S., Karousou, R., Dardioti, A., Krigas, N., Lanaras, T.** (1997). Autumn essential oils of Greek oregano. Phytochemistry ,44, p. 883-886.

64. **Kostaki, M., Giatrakou, V., Savvaidis, I.N., Kontominas, M.G.** (2009). Efeito combinado de MAP e óleo essencial de tomilho nos atributos microbiológicos, químicos e sensoriais de filetes de robalo (*Dicentrarchus labrax*) de aquacultura biológica. Food Microbiology, 26, p. 475-482.

65. **Koutsoumanis, K., Lambropoulou, K., Nychas, G.J.E.** (1999). A predictive model for the non-thermal inactivation of *Salmonella* Enteritidis in a food model system supplemented with a natural antimicrobial. International Journal of Food Microbiology, 49, p. 63-74.

66. **Kwiatkowski, P., Giedrys-Kalemba, S.,** , Mizielinska, **M., Bartkowiak, A.** (2015). Atividade antibacteriana dos óleos essenciais de alecrim, cominho e funcho. Herba Polonica, 61, 4, p. 31-39.

67. **Lachowicz, K.J., Jones, P.G., Briggs, R.D., Bienvenu, E.F., Wan, J., Wilcock, A., Coventry, J.M.** (1998). Os efeitos conservantes sinérgicos do óleo essencial de manjericão doce (*Ocimum basilicum* L.) contra a microflora alimentar tolerante aos ácidos. Cartas em Microbiologia Aplicada, 26, p. 209-214.

68. **Landry, S.K., Micheli, S., McClements, J.D., McLandsborough, L.** (2015). Eficácia de uma nanoemulsão espontânea de carvacrol contra *Salmonella enterica* Enteritidis e *Escherichia coli* O157:H7 em sementes contaminadas de brócolos e rabanete. Food Microbiology, 51, p. 10-17.

69. **Langeveld, W.T., Veldhuizen, E.J.A., Burt,S.A.** (2014). Sinergia entre os componentes do óleo essencial e os antibióticos: uma revisão. Critical Reviews in

Microbioology, 40, p. 76-94.

70.   **Lopez-Pueyo, M.J., Barcenilla-Gaite, F., Amaya-Villar, R., Garnacho-Montero, J.** (2011). Multiresistência a antibióticos em unidades de cuidados intensivos. Medicinaintensiva/Sociedad Espanola de Medicina Intensiva y Unidades Coronarias, 35, p. 41-53.

71.   **Lu, Y., e C. Wu.** (2012). Reduções de *Salmonella enterica* no peito de frango por combinações de timol, ácido acético, dodecil sulfato de sódio ou peróxido de hidrogénio em comparação com a lavagem com cloro. Jornal Internacional de Microbiologia Alimentar, 152, p. 31-34.

72.   **Magi, G., Marini. E., Facinelli, B.** (2015). Atividade antimicrobiana de óleos essenciais e carvacrol, e sinergia de carvacrol e eritromicina, contra Streptococci do Grupo A clínicos e resistentes à eritromicina. Frontiersin Microbiology, Antimicrobials, Resistance and Chemotherapy, 6, 165, p. 1-7.

73.   Maksimovic, **Z.,** Stojanovic, **D., Sostaric, I.,** Dajic, **Z.,** Ristic, **M.** (2008). Composição e atividade de eliminação de radicais do óleo essencial de *Thymus glabrescens* Willd. (Lamiaceae). Journal of the Science of Food and Agriculture, 88, p. 2036-2041.

74.   **Mazzarrino, G., Paparella, A., Chaves-Lopez, C., Faberi, A.** et al. (2015). Dinâmica de inativação de *Salmonella enterica* e *Listeria monocytogenes* após tratamento com óleos essenciais selecionados. Food Control, 50, p. 794-803.

75.   **Meena, M.R., e Sethi, V.,** (1994). Antimicrobial activity of essential oils from spices (Atividade antimicrobiana de óleos essenciais de especiarias). Journal of Food Science and Technology, 31, p. 68-70.

76.   **Mehrsorosh, H., Gavanji, S., Larki, B., Mohammadi, M.D., Karbasiun, A., Bakhtari, A., Hashemzadeh, F., Mojiri, A.** (2014). Composição do

óleo essencial e triagem antimicrobiana de algumas plantas herbáceas iranianas em *Pectobacterium carotovorum*. Global NEST Journal, 16, 2, p. 240-251.

77.   **Miladi, H., Tarek Zmantar, T., Yassine Chaabouni, Y., Kais Fedhila, K., Amina Bakhrouf, A., Mahdouani, K., Chaieb, K.** (2016). Inibidores antibacterianos e da bomba de efluxo de timol e carvacrol contra patógenos de origem alimentar. Patogénese Microbiana, 99, p. 95-100

78.   **Mimica Dukic, N., Bozin, B., Sokovic, M., Mihailovic, B. Matavulj, M.** (2003). Actividades antimicrobianas e antioxidantes de três óleos essenciais de espécies de Mentha. Planta Medica, 69, p. 413-419.

79.   **Moghaddam D.M.A., Shayegh, J., Peyman Mikaili, P., e Sharaf, D.J. (2011).** Atividade antimicrobiana do extrato de óleo essencial das folhas de *Ocimum basilicum* L. numa variedade de bactérias patogénicas. Journal of Medicinal Plants Research, 5, 15, p. 3453-3456.

80.   **Mourey, A., e Canillac, N.** (2002). Anti-Listeria *monocytogenes* activity of essential oils components of conifers. Food Control, 13, p. 289-292.

81.   **Naidu, A. S.** (2000). Overview. Em A. S. Naidu (Ed.), Natural food antimicrobial systems (p. 1-16). Boca Raton, Florida: CRC Press.

82.   **Naik, M. I., Fomda, B. A., Jykumar, E., Bhat, J. A.** (2010). Atividade antibacteriana do óleo de capim-limão (*Cymbopogon citratus*) contra algumas bactérias patogénicas selecionadas. Jornal de Medicina Tropical da Ásia-Pacífico, p. 535-538.

83.   **Nair, D.V.T., Nannapaneni, R., Kiess, A., Schilling, W., Sharma, C.S.** (2014). Redução de *Salmonella* em costeletas de peito de peru por compostos derivados de plantas. Doença dos agentes patogénicos de origem alimentar, 11, p. 981-987.

84.   **Nakamura, C.V., Ueda-Nakamura, T., Bando,E., Melo, A.F.N.,**

Cortez, D.A.G., Filho, B.P.D. (1999). Atividade Antibacteriana do Óleo Essencial de *Ocimum gratissimum* L.. Mem Inst Oswaldo Cruz, Rio de Janeiro, 94, 5, p. 675-678.

85. **Nazzaro, F., Fratianni, F., De Martino, L., Coppola, R., De Feo, V.** (2013). Efeito dos óleos essenciais nas bactérias patogénicas. Pharmaceuticals, 6, p. 14511474.

86. **Nedorostova, L., Kloucek, P., Kokoska, L., Stolcova, M., Pulkrabek, J.** (2009). Propriedades antimicrobianas de óleos essenciais selecionados em fase de vapor contra bactérias de origem alimentar. Food Control, 20, p. 157-160.

87. **Oliveira,T. L. C., Rodrigo de Araujo Soares, R.A., Piccoli, R. H.** (2012). Modelo de Weibull para descrever a cinética antimicrobiana dos óleos essenciais de orégano e capim-limão contra *Salmonella* Enteritidis em carne moída durante o armazenamento refrigerado. Meat Science, 93, p. 645-651.

88. **Opalchenovaa G., e Obreshkova D.** (2003). Estudos comparativos sobre a atividade do manjericão, um óleo essencial de *Ocimum basilicum* L., contra isolados clínicos multirresistentes dos géneros *Staphylococcus*, *Enterococcus* e *Pseudomonas*, utilizando diferentes métodos de ensaio. Journal of Microbiological Methods, 54, p. 105-110.

89. **Ouibrahim, A., Tlili-Ait-kaki, Y., Bennadja, S., Amrouni, S., Djahoudi, A.G., Djebar, M.R.** (2013). Avaliação da atividade antibacteriana de *Laurus nobilis* L., *Rosmarinus officinalis* L. e *Ocimum basilicum* L. do Nordeste da Argélia. Revista Global de Microbiologia Médica, Rev., 1, p. 65-70.

90. **Ouedrhiri, W., Balouiri, M., Bouhdid, S., Moja, S., Chahdi, O.F., Taleb, M., Hassane Greche, H.** (2016). Projeto de mistura de óleos essenciais de *Origanum compactum*, *Origanum majorana* e *Thymus serpyllum*: Otimização do seu efeito antibacteriano. Industrial Crops and Products, 89, p. 1-9.

91. **Ozkan, G., Sagdic, O., Ozcan, M.** (2003). Inibição de bactérias patogénicas por óleos essenciais em diferentes concentrações. Food Science and Technology International, 9, p. 85-88.

92. **Paduch R, Kandefer-Szerszen M, Trytek M, Fiedurek J.** (2007). Terpenos: substâncias úteis nos cuidados de saúde humanos. Arch Immunol Ther Exp, 55, p. 315-27.

93. **Pauli, A., e Schilcher, H. (2010).** Actividades antimicrobianas in vitro de óleos essenciais monografados na Farmacopeia Europeia 6th Edition, In: Can Ba^er, K. H. Buchbauer, G. (Eds), Handbook of Essential Oils: Science, Technology and Aplications, CRS Press, Florida, p. 353 - 548.

94. **Pintore, G., Usai, M., Bradesi, P., Juliano, C., Boatto, G., Tomi, F., Chessa, M., Cerri, R., Casanova, J.** (2002). Composição química e atividade antimicrobiana dos óleos de *Rosmarinus officinalis* L. da Sardenha e da Córsega. Flavour and Fragrance Journal, 17, p. 15-19.

95. **Prabuseenivasan, S., Jayakumar, M., Ignacimuthu, S.** (2006). Atividade antibacteriana in vitro de alguns óleos essenciais de plantas. BMC Complementary and Alternative Medicine, 6, 39, p. 1-8.

96. **Rattanachikunsopon, P., e Phumkhachorn**, P. (2010). Atividade antimicrobiana do óleo de manjericão (*Ocimum basilicum*) contra *Salmonella* Enteritidis in vitro e nos alimentos. Biociência, Biotecnologia e Bioquímica, 74, 6, p. 1200-1204.

97. **Rameshkumar, K. B., George, V., Shiburaj, S**. (2007). Constituintes químicos e atividade antibacteriana do óleo de folhas de *Cinnamomum chemungianum* Mohan et Henry. Journal of Essential Oil Research, 19, p. 98-100.

98. **Raut JS, e Karuppayil S.M.** (2014). Uma revisão de status sobre as

propriedades medicinais dos óleos essenciais. Industrial and Crops Products , 62, p. 250-64.

99. **Rivera Calo J, Crandall PG, O'Bryan CA, Ricke S**. (2015). Óleos essenciais como antimicrobianos em sistemas alimentares - uma revisão. Food Control, 54, p. 111-19.

100. **Rusenova, N., e Parvanov, P.** (2007). Actividades antimicobianas de doze óleos essenciais contra microorganismos de importância veterinária. Trakia Journal of Sciences, 7 , 1, p. 37-43.

101. **Sabulal, B., George, V., Pradeep, N. S., Dan, M.** (2008). Óleos voláteis da raiz, caule e folhas de *Schefflera stellata* (Gaertn.) Harms (Araliaceae): Caracterização química e atividade antimicrobiana. Journal of Essential Oil Research, 20, 1, p. 79-82.

102. **Sajjadi S.E**. (2006). Análise dos óleos essenciais de dois manjericões cultivados (*Ocimum basilicum* L.) do Irão. Daru, 14, 3, p. 128-130.

103. **Santurio, D.H., Kunz de Jesus, F.P., Zanette, R.A., Schlemmer, K.B., Fraton, A., Fries, L.L.M.** (2014). Atividade antimicrobiana do óleo essencial de tomilho e do timol contra cepas de *Escherichia coli*. Ata Scientiae Veterinariae, 42, p. 1234.

104. **Shirazi, M.T., Gholami, H., Kavoosi, G., Rowshan, V., Tafsiry, A.** (2014). Composição química, actividades antioxidantes, antimicrobianas e citotóxicas dos óleos essenciais de *Tagetes minuta* e *Ocimum basilicum*. Ciência dos Alimentos e Nutrição, 2, p. 146-155.

105. **Silva, J.P.S., Melo Franco, B.D.G. (2012).** Aplicação de óleo essencial de orégãos contra *Salmonella* Enteritidis em salada de maionese. International Journal of Food Science and Nutrition Engineering, 2, 5, p. 70-75.

106. **Silva, L. F., Cardoso, M. G., Batista, L. R., Gomes, M. S., Rodrigues, L. M. A., de Carvalho, D. A., Rezende, S., Teixeira, M. L. (2015).** Caracterização Química, Atividades Antibacteriana e Antioxidante de Óleos Essenciais de *Mentha viridis* L. e *Mentha pulegium* L. (L). American Journal of Plant Sciences, 6, p. 666-675.

107. **Silva, N.C.C., Fernandes Junior A.** (2010). Propriedades biológicas das plantas medicinais: uma revisão da sua atividade antimicrobiana. The Journal of Venomous Animals and Toxins including Tropical Diseases, 16, 3, p. 402-413.

108. **Siroli, L., Patrignani, F., Fausto Gardini, F., Lanciotti, R.** (2015). Efeitos de concentrações sub-letais de óleos essenciais de tomilho e orégão, carvacrol, timol, citral e trans-2-hexenal na composição de ácidos gordos da membrana e perfil de moléculas voláteis de *Listeria monocytogenes*, *Escherichia coli* e *Salmonella enteritidis*. Food Chemistry, 182, p. 185-192.

109. **Smith-Palmer, A., Stewart, J., Fyfe, L.** (2001). The potential application of plant essential oils as natural food conservatives in soft cheese. Food Microbiology, 18, 463-470.

110. **Sofos J. N.** (2008): Challenges to meat safety in the 21st century, Meat Science, 78, p. 3-13.

111. Sokovic, **M.,** Glamoclija, **J., Marin, D.P.,** Brkic, **D., van Griensven, L.J.L.D.** (2010). Efeitos Antibacterianos dos Óleos Essenciais de Ervas Medicinais de Consumo Comum Utilizando um Modelo *In Vitro*. Molecules, 15, p. 7532-7546.

112. **Souza de L.E.** (2016). Os efeitos de doses subletais de óleos essenciais e seus constituintes na suscetibilidade antimicrobiana e resistência a antibióticos entre bactérias relacionadas a alimentos: Uma revisão. Tendências em Ciência e Tecnologia de Alimentos, 56, p. 1-12

113. **Srivastava, H.C., Shukla, P., Tripathi, S., Shanker, B.** (2014). Atividades antioxidantes e antimicrobianas de óleos de manjericão doce. Jornal Internacional de Ciência e Pesquisa Farmacêutica, 5, 279-285. A Lista de Plantas, 2010. Versão 1. Publicado na Internet. http://www.theplantlist.org/ (acedido em 29.08.14.).

114. **Stefanello, M. E. A., Cervi, A. C., Ito, I. Y., Salvador, M. J., Wisniewski, A., Jr., Simionatto, E. L.** (2008). Composição química e atividade antimicrobiana dos óleos essenciais de Eugenia chlorophylla (Myrtaceae). Journal of Essential Oil Research, 20, 1, p. 75-78.

115. **Stefanakis, K. M., Touloupakis, E., Anastasopoulos, E., Ghanotakis, D., Katerinopoulos, E.H., Makridis, P.** (2013). Atividade antibacteriana de óleos essenciais de plantas do gênero Origanum. Food Control, 34, p. 539-546.

116. **Suganya. S., Bharathidasan. R., Senthilkumar. G., Madhanraj. P., Panneerselvam. A.** (2012). Atividade antibacteriana do óleo essencial extraído de Coriandrum sativam (L.) e análise GC-MS. Jornal de Investigação Química e Farmacêutica, 4(3), p. 1846-1850.

117. **Tajkarimi, M.M., Ibrahim, A.S., Cliver, O.D.** (2010). Compostos antimicrobianos de ervas e especiarias nos alimentos. Food Control, 21, p. 1199-1218.

118. **Tassou, C.C., Drosinos, E.H., Nychas, G.J.E.** (1999). Inhibition of resident microbial flora and pathogen inocula on cold fresh fish fillets in olive oil, oregano, and lemon juice under modified atmosphere or air. Jornal de Proteção Alimentar 59, p. 31-34.

119. **Tassou, C., Koutsoumanis, K., Nychas, G.J.E.** (2000). Inibição de Salmonella Enteritidis e Staphylococcus aureus em caldo nutritivo por óleo essencial de menta. Food Research International, 33, p. 273-280.

120. **Thanissery, R., e Smith, D.P.** (2014a). Marinada com tomilho e óleos de laranja reduz *Salmonella* Enteritidis e *Campylobacter coli* em filés de peito de frango inoculados e asas inteiras. Poultry Science, 93, 5, p. 1258-1262.

121. **Thanissery, R., e Smith, D. P.** (2014b). Effect of m arinade containing thyme and orange oils on broiler breast fillet and whole wing aerobic bacteria during refrigerated storage. Journal of Applied Poultry Research, 23, p. 228232.

122. **Tolonen, M., Rajaniemi, S., Pihlava, J. M., Johansson, T., Saris, P. E. J., Ryhanen, E. L.** (2004). Formação de nisina, biomoléculas derivadas de plantas e atividade antimicrobiana em fermentações de cultura inicial de chucrute. Food Microbiology, 21, 2, p. 167-179.

123. **Toroglu, S.** (2007). Atividade antimicrobiana in vitro e efeito antagonista de óleos essenciais de espécies vegetais. Jornal de Biologia Ambiental, 28, 3, p. 551559.

124. **Toroglu, S.** (2011). Atividade antimicrobiana in-vitro e efeito sinérgico/antagonista das interações entre antibióticos e alguns óleos essenciais de especiarias. Jornal de Biologia Ambiental, 32 (1), p. 23-29.

125. **Tornuk F, Cankurt H, Ozturk I, Sagdic O, Bayram O, Yetim H.** (2011). Eficácia de vários hidrolatos de plantas como higienizadores naturais de alimentos na redução de *Escherichia coli* O157:H7 e *Salmonella* Typhimurium em cenouras e maçãs frescas cortadas. Jornal Internacional de Microbiologia Alimentar, 148, 1, p. 30-35.

126. **Trombetta D, Castelli F, Sarpietro MG, Venuti V, Cristani M, Daniele C, et al.** (2005). Mecanismos de ação antibacteriana de três monoterpenos. Antimicrob Agents Chemotherapy, 49, p. 2474-8.

127. **Ultee, A., Bennik, M. H. J., Moezelaar, R.** (2002). O grupo hidroxilo

fenólico do carvacrol é essencial para a ação contra o agente patogénico de origem alimentar Bacillus cereus. Applied and Environmental Microbiology, 68, p. 1561-1568.

128. **Upadhyay,R.K., Dwivedi, P., Ahmad, S.** (2010). Triagem da atividade antibacteriana de seis óleos essenciais de plantas contra cepas bacterianas patogênicas. Asian Journal of Medical Sciences, 2, 3, p. 152-158.

129. **Vardar-Unlu, G., Candan, F., Sokmen, A., Daferera, D., Polissiou, M., Sokmen, M., Donmez, E., Tepe, B.** (2003). Antimicrobial and antitoxic activity ofthe essential oil and methanol extracts of Thymus pectinatus Fisch. et Mey. var. pectinatus (*Lamiaceae*). Journal of Agriculture and Food Chemistry, 51, p. 63-67.

130. Vidovic, **S. S.**, Zekovic, **P. Z.**, Lepojevic, **D. Z.**, Radojkovic, **M.M**, Jokic, **D.S.**, Anackov, **T.G.** (2012). Otimização do processo de extração do *Ocimum basilicum* L. em relação à atividade antioxidante. Ata Periodica Technologica, 43, 1, p. 315-323.

131. **Viuda-Martos, M., Ruiz-Navajas, Y., Fernandez-Lopez, J., Perez-Alvarez, J.A.,** 2011. Especiarias como alimentos funcionais. Critical Reviews in Food Science and Food Safety, 51, p. 13-28.

132. **Yap, P.S.X., Lim, S.H.E., Hu, C.P., Yiap, B.C.** (2013). A combinação de óleos essenciais e antibióticos reduz a resistência a antibióticos em bactérias multirresistentes conferidas por plasmídeos. Phytomedicine, 20, p. 710-713.

133. **Yap, P.S.X., Yiap, B.C., Ping, H.C., Lim, S.H.E.** (2014). Óleos essenciais, um novo horizonte no combate à resistência bacteriana aos antibióticos. Jornal de Microbiologia Aberta, 8, p. 6-14.

134. **Wesofowska, A., Grzeszczuk, M., Jadczak, D., Nawrotek,** P., **Struk,** M. (2015). Comparação da composição química e atividade antimicrobiana dos óleos

essenciais de *Thymus serpyllum*. Não Bot Horti Agrobo, 43, p. 432-438.

135. **Zaika, L. L.** (1988). Especiarias e ervas aromáticas: a sua atividade antimicrobiana e a sua determinação. Jornal de Segurança Alimentar, 9, p. 97-118.

136. **Zfotek, U., Monika Michalak-Majewska, M., Szymanowska, U.** (2016). Efeito da elicitação de ácido jasmónico no rendimento, composição química e propriedades antioxidantes e anti-inflamatórias do óleo essencial de manjericão de folha de alface (*Ocimum basilicum* L.). Food Chemistry, 213, p. 1-7.

137. **Zaidi, M. A., Crow, S. A.** (2005). Ervas medicinais tradicionais biologicamente activas do Balo-chistão. Journal of Ethnopharmacology, 96, p. 331-334.

138. Dukic, **D., Zelenika, M.,** Mandic, **L.,** Stevovic, **V., Pavlovic, V.,** Maskovic, **P.** (2016). Mineralni sastav i antimikrobna aktivnost etanolskog ekstrakta zutog zvezdana. XXI Savetovanje o biotehnologiji, Zbornik radova, 21, 24, p. 815820.

Printed by Books on Demand GmbH, Norderstedt / Germany